T0269542

CAMBRIDGE LIBRARY COLLECTION

Books of enduring scholarly value

Earth Sciences

In the nineteenth century, geology emerged as a distinct academic discipline. It pointed the way towards the theory of evolution, as scientists including Gideon Mantell, Adam Sedgwick, Charles Lyell and Roderick Murchison began to use the evidence of minerals, rock formations and fossils to demonstrate that the earth was older by millions of years than the conventional, Bible-based wisdom had supposed. They argued convincingly that the climate, flora and fauna of the distant past could be deduced from geological evidence. Volcanic activity, the formation of mountains, and the action of glaciers and rivers, tides and ocean currents also became better understood. This series includes landmark publications by pioneers of the modern earth sciences, who advanced the scientific understanding of our planet and the processes by which it is constantly re-shaped.

Essai de géologie

Barthélemy Faujas de Saint-Fond (1741–1819) abandoned the legal profession to pursue studies in natural history. Appointed a royal commissioner of mines in 1785, he also served as professor of geology at the natural history museum in Paris from 1793 until his death. His keen interest in rocks, minerals and fossils led to a number of important discoveries, among which was confirmation that basalt was a volcanic product. The present work appeared in three parts between 1803 and 1809. The second volume was divided into two. This second part lists the principal active volcanoes around the world and classifies volcanic products. Of related interest in the history of geology, *Minéralogie des volcans* (1784) and the revised English edition of *A Journey through England and Scotland to the Hebrides in 1784* (1907) are two other works by Faujas which are also reissued in this series.

Cambridge University Press has long been a pioneer in the reissuing of out-of-print titles from its own backlist, producing digital reprints of books that are still sought after by scholars and students but could not be reprinted economically using traditional technology. The Cambridge Library Collection extends this activity to a wider range of books which are still of importance to researchers and professionals, either for the source material they contain, or as landmarks in the history of their academic discipline.

Drawing from the world-renowned collections in the Cambridge University Library and other partner libraries, and guided by the advice of experts in each subject area, Cambridge University Press is using state-of-the-art scanning machines in its own Printing House to capture the content of each book selected for inclusion. The files are processed to give a consistently clear, crisp image, and the books finished to the high quality standard for which the Press is recognised around the world. The latest print-on-demand technology ensures that the books will remain available indefinitely, and that orders for single or multiple copies can quickly be supplied.

The Cambridge Library Collection brings back to life books of enduring scholarly value (including out-of-copyright works originally issued by other publishers) across a wide range of disciplines in the humanities and social sciences and in science and technology.

Essai de géologie

*Ou, Mémoires pour servir
a l'histoire naturelle du globe*

VOLUME 2 – PART 2: VOLCANS

BARTHÉLEMY FAUJAS DE SAINT-FOND

CAMBRIDGE
UNIVERSITY PRESS

University Printing House, Cambridge, CB2 8BS, United Kingdom

Cambridge University Press is part of the University of Cambridge.
It furthers the University's mission by disseminating knowledge in the pursuit of
education, learning and research at the highest international levels of excellence.

www.cambridge.org
Information on this title: www.cambridge.org/9781108070720

© in this compilation Cambridge University Press 2014

This edition first published 1809
This digitally printed version 2014

ISBN 978-1-108-07072-0 Paperback

ESSAI DE GÉOLOGIE,

ou

MÉMOIRES

POUR SERVIR

A L'HISTOIRE NATURELLE DU GLOBE;

PAR B. FAUJAS S.ᵗ-FOND.

TOME SECOND, SECONDE PARTIE,

ORNÉ DE HUIT PLANCHES.

Volcans.

A PARIS,

Chez Gabriel DUFOUR et Compagnie, Libraires,
rue des Mathurins Saint-Jacques, n.° 7.

1809.

SYSTÈME MINÉRALOGIQUE

DES VOLCANS,

OU

NOUVELLE CLASSIFICATION

DE LEURS PRODUITS.

VUES GÉNÉRALES.

Il paraît que les foyers embrasés qui ont donné naissance aux volcans anciens et aux volcans modernes, ont constamment exercé leur action sur des substances minérales préexistantes, analogues, quant au fond des matières, à celles qu'on voit à l'extérieur de la surface actuelle du globe; c'est-à-dire que les feux souterrains ont pénétré, ramolli et liquéfié d'une manière particulière, sans trop altérer leurs caractères, et sous une forte compression, des roches, qui ont un si grand rapport avec nos porphyres et quelques-uns de nos granits, qu'on peut les assimiler, quant aux genres, à plusieurs de ceux que nous connaissons. Il en est d'autres, il est vrai, qui renferment

Tome II. 26

quelques substances particulières que nous n'avons
point encore rencontrées parmi nos roches, telles
que l'*amphigène* de M. Haüy (leucite de Werner)
et la *chrysolithe des volcans* (péridot de Dolomieu). Mais l'on verra dans le cours de cette classification que la base des pierres dans laquelle on
les trouve, est d'un feld - spath compacte comme
celle de nos porphyres.

Les volcans existent à de grandes profondeurs
dans le sein de la terre : plus on a observé et
comparé leurs produits, plus on est persuadé de
cette vérité. Je l'avais pressentie et annoncée dans
l'ouvrage que je publiai en 1778, *sur les volcans
éteints du Vivarais et du Vélai*, ouvrage de ma
jeunesse, dans lequel il y a beaucoup à réformer à
présent. Je restai attaché à la même opinion dans
la *Minéralogie des volcans*, qui parut en 1784.

Dolomieu s'obstina long - temps à ne point
l'admettre; il inclina ensuite à la croire possible,
et enfin il l'admit exclusivement, mais seulement
en 1795, à la suite d'un second et long voyage
qu'il fit au *Puy-de-Dôme*, au *Cantal*, en *Vélai*
et en *Vivarais*, où il porta une attention plus
particulière sur ce point important de théorie,
appuyé sur les faits, et le plus propre à répandre
en même temps une grande lumiere sur la véritable détermination des laves.

Ce fut dans un rapport lu à l'Institut, au sujet
de ses derniers voyages, que Dolomieu reconnut et

annonça que les volcans qu'il venait de visiter *s'étaient fait jour à travers les masses de granit*, et que leurs produits volcaniques appartenaient à *un amas de matières qui diffèrent des granits et reposent au-dessous d'eux*, et il en tira la conclusion que *le granit n'est pas la roche primordiale*, *puisqu'il est nécessairement postérieur aux matières qui supportent ses masses*, *quoiqu'il ait lui-même l'antériorité de situation sur tout ce qui est venu ensuite le recouvrir.* (1)

Il pourrait bien y avoir quelque chose à redire au sujet du granit; car en démontrant qu'il repose sur d'autres matières, ce n'est pas prouver que ces matières n'ont pas été contemporaines, quant à leur formation, à celles qui sont au-dessous, et qui n'offrent pas une différence de composition assez tranchante avec celles qui sont au-dessus pour les éloigner ainsi : mais mon but est de faire voir seulement ici que Dolomieu considérait les volcans comme ayant leurs foyers à une grande profondeur dans l'intérieur de la terre.

On verra plus particulièrement dans le cours de cette classification, que je n'admets pas davantage l'état de fusion de la masse du globe, à l'exception de

_____

(1) Journal de Physique, de Chimie et d'Histoire naturelle : prairial an 6, pag. 408. *Rapport fait à l'Institut*, *par* Dolomieu, *sur ses voyages de l'an 5 et de l'an 6*, lu à l'Institut le 6 frimaire an 6.

ce que Dolomieu appelle l'*écorce consolidée*, la croûte solide de la terre. Cette idée, que ce géologue regardait comme neuve, parce qu'il ne l'avait pas assez méditée, et qui eut alors la sanction de ceux qui se dispensent de lire les livres anciens, se trouve tout au long dans Kircher, qui en a donné le, tableau figuratif dans une gravure représentant le globe terrestre coupé transversalement et dans un état de fusion, à l'exception de la *croûte extérieure*, qui est solide. Une multitude de volcans ont percé cette croûte, et communiquent par des ramifications avec la masse principale du globe embrasé. Kircher, qui avait du génie, mais un grand amour pour le merveilleux, donna cependant à sa *Topographie volcanique de la terre* le titre modeste de *Systema ideale*, etc. (1) Au reste, je ne rappelle ce fait que pour l'exactitude et non pour affaiblir en rien le mérite réel de Dolomieu, qui avait d'ailleurs si bien étudié les volcans et considéré les laves compactes sous leur véritable point de vue ; car il m'écrivait de Sicile en m'adresant un bel envoi

---

(1) *Systema ideale pyrophylaciorum subterraneorum, quorum montes vulcanii veluti spiracula quædam existant.* Athanasii Kircheri Mundus subterraneus, 1678, in-fol. tom. I, pag. 194, chap. VI, ayant pour titre : *Montes ignivomi in externa superficie spectabiles, terram plenam ignibus esse satis demonstrant,*

des produits de l'Etlina , bien long-temps avant
son dernier voyage en Auvergne, les lignes suivantes.

« Je pense à présent absolument comme vous,
« mon cher ami, sur les laves compactes de na-
« ture basaltique, et je les considère comme des
« pierres qui ont éprouvé par le feu des volcans
« un genre de ramollissement qui leur a permis
« de couler, mais qui a cependant conservé une
« partie du caractère de leur base primitive, de
« manière à pouvoir les reconnaître encore, etc. »

Il n'existe à présent de différence d'opinion
sur la nature des laves compactes prismatiques,
que parmi le petit nombre de ceux qui ont agité
ces questions dans leurs cabinets, et n'ont pas
été à portée de voir les volcans en place ; car
les minéralogistes français, italiens, anglais, et
une grande partie de ceux d'Allemagne, qui
ont étudié dans le livre de la nature, sont tous
de la même opinion sur l'origine volcanique de
ces grandes et nombreuses *chaussées prismatiques* que l'on trouve si fréquemment dans
presque tous les lieux et dans tous les pays qui ont
éprouvé autrefois l'action des incendies souterrains, et qui ne se trouvent jamais dans les contrées qui sont restées intactes, telles que les Alpes,
les Pyrénées et tant d'autres grandes chaînes, où
l'on ne saurait distinguer les moindres vestiges
de feux volcaniques.

Si les laves compactes configurées en prismes
n'étaient pas le résultat du retrait d'une matière
qui a été dans un état de fusion, il faudrait donc
dire aussi que les vastes courans de même nature qui les recouvrent, et qui sont descendus
par ondulations des parties plus élevées, ne sont
point dus à des laves; il faudrait en dire autant
des laves poreuses et des scories qui les enve-
loppent souvent, ou qui sont quelquefois in-
terposées entre des coulées de laves compactes
dont les unes sont prismatiques tandis que les
autres ne le sont pas. Il faudrait donc soutenir
aussi que toutes les fois que ces mêmes matières
voisines des collines calcaires en ont soulevé les
bancs, ou les ont coupés transversalement lorsque
ceux-ci leur opposaient une trop grande résistance, sont l'ouvrage de l'eau; mais il faudrait
nous dire encore comment ces filons de laves compactes, parfaitement analogues, quant à la matière, aux prismes basaltiques, ont pu s'introduire
dans les pierres calcaires les plus dures, si ce n'est
pas par l'effort de la dilatation produite par une
matière incandescente.

Mais laissons à la marche progressive et lente
des sciences naturelles à ramener vers une même
opinion ceux qui s'obstinent encore à nier ou à
contredire des faits évidens, sans vouloir prendre
la peine d'aller les vérifier en place.

Les roches porphyritiques et feld-spathiques sont

en général celles sur lesquelles les embrasemens souterrains paraissent avoir exercé la plus grande action, soit qu'il s'en trouve d'immenses dépôts dans. la profondeur de la terre, soit que la *soude* ou la *potasse* qu'on retrouve par l'analyse dans presque tous les feld-spaths cristallisés ou compactes, aient facilité leur fusion, soit enfin que le fer qui y abonde joue un rôle dans l'acte de la volcanisation; car l'on sait que les laves, lorsqu'elles sont restées intactes, sont toutes fortement attirables à l'aimant.

Ceux qui n'ont pas l'habitude des phénomènes volcaniques demandent souvent pourquoi l'on ne voit pas au milieu des volcans éteints un plus grand nombre de *cratères*, relativement surtout à la vaste étendue qu'occupent les volcans éteints de France, d'Italie, d'Ecosse, et de tant d'autres pays observés et décrits par de bons naturalistes.

Cette objection s'évanouira bientôt, si l'on veut considérer l'état actuel de nos continens et particulièrement celui de nos grandes chaînes alpines. Celles-ci ayant été en butte à de terribles révolutions, sont déchirées dans tous les sens, coupées en vallées longitudinales, séparées en détroits qui les traversent, ou contournées par des flots qui les ont isolées. Quelle puissance autre que celle produite par le déplacement subit des eaux de la mer, serait capable d'ébranler ou de renverser tant de masses? Et qui peut douter, en observant sur

la nature, la topographie de ces grands reliefs et
les directions variées des excavations qui les ont
sillonnées, que ces catastrophes n'aient eu lieu
plusieurs fois et souvent même dans des points
opposés?

Pourquoi donc les montagnes volcaniques
qui existaient à ces époques auraient-elles été
épargnées? Loin de le croire, il faut être con-
vaincu, au contraire, que celles-ci, entourées de
laves poreuses, recouvertes de scories, et ayant
été ébranlées plusieurs fois dans le temps de
leur incandescense et de leurs grandes com-
motions, ont dû opposer moins de résistance
que les autres, et que tout, à l'exception des coulées beaucoup plus solides de laves compactes
et de ces vastes colonnades de la même matière
qui occupaient le fond de ces immenses foyers
volcaniques, tout a été détruit, tout a été entraîné
au loin, de manière que ce que nous voyons à
présent ne doit être considéré en quelque sorte
que comme le squelette de ces grands géans volcaniques. (1)

_____

(1) M. de Montlosier, qui a ecrit en homme de beaucoup d'esprit et de savoir sur les volcans éteints de
l'Auvergne qu'il connaît parfaitement, n'a pas laissé
échapper cette circonstance importante. Il fait intervenir,
il est vrai, pour cette grande opération les eaux *pluviales*,
dont la puissance est mille fois trop faible et trop par-

Il y a eu des volcans moins anciens' qui ont pris naissance ou se sont rallumés après ces terribles événemens : tels sont ceux dont on aperçoit encore les cratères bien conservés, bien distincts, au milieu de ces vastes ruines, dans les régions où sont tant de volcans éteints, en Auvergne, en Velai, en Vivarais et ailleurs.

Quant à la théorie de la formation des laves prismatiques, la manière de la considérer sous le point de vue le plus simple et le plus conforme à la saine physique, est celle de ne voir dans ces prismes que des retraits, et dans ces retraits que le résultat nécessaire de la déperdition lente de la chaleur : plus le refroidissement se fait par graduation, plus les prismes ont une apparence régulière.

On demande quelquefois s'il se forme des prismes dans les laves compactes des volcans actuellement en activité. Tout concourt à nous le faire croire; mais c'est dans les cavités profondes de ces vastes fournaises que cette for-

---

tielle; tandis que les mers seules peuvent, en se déplaçant subitement et par des causes accidentelles, produire des phénomènes de cet ordre. Mais quoique je diffère en cela avec M. de Montlosier, je n'en admire pas moins ses grandes vues, et l'intérêt qu'il sait mettre à les présenter. Ce talent est si difficile et si rare, que la nature seule le donne et que l'éducation le perfectionne.

mation doit avoir lieu, parce que les laves compactes qui s'y déposent dans un état de fusion,
se trouvant à l'abri du contact de l'air extérieur,
ne peuvent s'y refroidir que d'une manière très-
lente et convenable au retrait prismatique, toutes
les fois surtout que le calme se prolonge pendant
un espace de temps convenable.

C'est dans ce cas seulement, et lorsque la di-
minution de la chaleur a lieu d'une manière
graduelle, que les laves peuvent et doivent af-
fecter des formes prismatiques plus ou moins régulières , plus ou moins variées. Cette théorie
est parfaitement d'accord avec les faits, relativement à l'Etna et au Vésuve ; car l'un et
l'autre de ces volcans ont rejeté plusieurs fois
des tronçons de prismes, observation importante
qui n'avait pas échappé à Dolomieu pour l'Etna,
ni à Hamilton et à Thompson pour le Vésuve,
dont ils avaient suivi si souvent les éruptions et
étudié tant de fois les phénomènes.

Il ne faut jamais perdre de vue, et on ne
saurait trop le répéter aux personnes qui commencent à se livrer à l'histoire naturelle des volcans, qu'aussitôt que l'embrasement se manifeste
à l'extérieur de ceux qui sont en activité, tels
que l'Etna, le Vésuve, l'Hécla, etc., les laves
élancées par les explosions s'altèrent et se dénaturent : les gaz de diverses espèces ne trouvant
plus d'obstacle, s'échappent de toute part ; l'oxi-

gène de l'air produit des combinaisons variées, les vapeurs aqueuses exercent toutes leurs puissances, les laves se criblent de pores; les unes se froissent, se brisent, se triturent et s'élèvent en nuages poudreux; les autres, retombant plusieurs fois dans le foyer embrasé, en ressortent en torrens de, laves torses, scorifiées, vitreuses, écumeuses, etc. Bientôt toute la montagne se couvre de décombres qui reposent sur des décombres plus anciens. L'on ne peut donc observer en dehors d'un volcan en activité que les résultats variés de tous les genres d'altérations que peuvent éprouver les laves, mais nullement les courans immenses de matières fondues, et en quelque sorte intactes, qui occupent les vides étendus et profonds qui règnent sous les volcans, et où les masses accumulées les unes au-dessus des autres compriment les gaz, et forment des espèces de grandes couches qui concentrent long-temps la chaleur, et peuvent se diviser en prismes, en colonnes ou en tables, lorsqu'elles parviennent à se refroidir.

Il est à croire, d'après une théorie aussi simple et aussi naturelle, que si l'Etna, qui repose sur une base volcanique de soixante lieues de circonférence, et dont le cône également volcanique a dix-sept cent treize toises d'élevation (1),

_____

(1) Mesuré par Saussure, d'après la formule de M. Schuckburg. *Voyage dans les Alpes*, tom. II, p. 375.

éprouvait un de ces grands accidens de la nature,
analogue à ceux qui ont creusé des vallées au milieu
de la chaîne des Alpes, des Pyrénées ou des
Apennins, et que ses flancs fussent déchirés et mis
à découvert dans leur vaste surface ; ce tableau
de destruction présenterait à l'œil surpris de si
grandes ruines et des ramifications d'une étendue
si considérable, qu'on croirait apercevoir les
restes de plusieurs volcans dont on chercherait
vainement les cratères, tandis que cette étendue
de terrain embrasé, dont on n'apercevrait plus
que les laves compactes, ne serait cependant
que l'ouvrage d'un seul et même foyer, qui aurait mis en fusion une aussi immense quantité de
substances pierreuses. Voilà ce que la plupart des
volcans éteints, mis à nu par de grandes révolutions
diluviennes, offrent actuellement à nos regards
étonnés ; et voilà d'où naissent les difficultés et
les embarras que leur état actuel nous présente.

CLASSIFICATION

DES PRODUITS VOLCANIQUES.

PREMIÈRE CLASSE.

Des laves, considérées relativement à leurs formes et à leurs modifications extérieures.

Ire DIVISION.

Laves compactes noires, homogènes, informes.

1. ——— *A grain fin.* A Otaïti, à Staffa, aux environs de Rome, de Darmstadt ; aux monts Enganems, à Rochemaure en Vivarais, en Auvergne, etc.

2. ——— *A grain rude.* Au mont Maissner, près de Gottingue, à Hesse-Cassel, aux environs de Rochemaure en Vivarais.

3. ——— *A contexture écailleuse.* A Stolpe en Misnie, à l'île de Bourbon, au mont Mesin en Vivarais, etc.

IIe DIVISION.

Laves compactes, homogènes, prismatiques, à trois, à quatre, à cinq, à six, à sept, à huit et à neuf pans. Ces derniers sont fort rares. Il en existe au pied de la grotte de Fingal ; à l'île de Staffa, etc.

1. ——— *En prismes d'un seul jet.* A Staffa, à Ex-

palli en Vivarais, etc. *Voyez* l'explication des planches.

2. ———— *En prismes coupés transversalement.* Au
pont de la Beaume en Vivarais.

3. ———— *En prismes articulés,* concaves d'un côté,
convexes de l'autre. La chaussée des géans
d'Antrim en Irlande; la rive gauche de
la Volane, près du pont du Bridon, etc.

4. ———— *En prismes comprimés lateralement.* A
Rochemaure en Vivarais.

5. ———— *En prismes arqués.* L'île de Staffa, dans le
lieu appelé Boo-Schala (FAUJAS, *Voyage
en Angleterre*, t. II, page 66, planche
4). A l'île de Bourbon.

Nota. Les laves compactes sont le résultat de la fusion hors du contact de l'air.

Les laves prismatiques sont produites
par un refroidissement lent et graduel.

III.ᵉ DIVISION.

*Laves avec des angles et des faces d'une régularité
si apparente qu'elles ont un faux aspect de
cristallisation.*

1. ———— En pyramide tétraèdre. *Voyez* l'explication
des planches.

2. ———— En pyramide quadrangulaire.

3. ———— En pyramide aplatie, etc.

On trouve ces laves en Auvergne et
ailleurs : elles doivent leurs formes à un
retrait analogue à celui qui a produit les
laves prismatiques ordinaires.

IVe DIVISION.

Laves en tables.

1. ———— *En tables épaisses*. Au mont Mesin, aux monts Couerons, en Vivarais, etc.
2. ———— *En tables minces*. A Rochemaure en Vivarais, à l'Ile-de-France, à l'île de Bourbon.

Ve DIVISION.

Laves en boules.

1. ———— *En boules solides*. A Ténériffe.
2. ———— *En boules creusés*. A l'île de Bourbon.
3. ———— *En boules à feuillets concentriques*. Au Vésuve, à Castel-Gomberto, dans le Vicentin, à Montechio Precalcino, etc. Ces dernières laves en boules proviennent d'un mode particulier de décomposition qui a lieu dans de grands courans de laves compactes basaltiques ; elles paraissent comme implantées dans ces courans, et ne sont évidemment que le résultat de l'altération de la matière de la lave, qui, en s'exfoliant graduellement, forme des sphères qui diminuent de grosseur à leur tour, à mesure que la lave s'altère davantage et devient comme terreuse. C'est à Castel-Gomberto et à Montechio Precalcino, dans le Vicentin, qu'on voit les plus belles boules en ce genre, et qu'on peut y suivre le mieux la théorie

de leur formation et de leur entière décomposition.

On trouve des laves analogues, mais
moins altérées , dans les environs de
Glascow en Ecosse. *Voyage en Angleterre et en Ecosse*, t. I, pag. 248.
Il y a des laves en boules qui proviennent aussi de la décomposition des
laves compactes prismatiques ; c'est-à-
dire qu'on trouve dans quelques circonstances des laves compactes prismatiques à quatre , à cinq et à six pans,
très-saines et très-dures dans leur partie
intérieure, mais dont les angles s'altèrent,
se décomposent et donnent naissance à
une boule qui paraît sortir du centre du
prisme. *Voyage en Angleterre et en
Ecosse*, t. I, pag. 248.

M. Delarbre en a reconnu et décrit de
semblables en Auvergne. *Journal de
Physique.*

VI.ᵉ DIVISION.

Laves en larmes.

Ces laves se présentent sous la forme
de petites masses oblongues qui ont plus
ou moins la figure de larmes. Il y en
a depuis la grosseur d'une noisette jusqu'à celle d'un œuf et même de plus
grandes. Elles renferment souvent dans
leur centre un fragment d'une substance
étrangère, comme de granit, de chryso-

lithe, etc. On en trouve au Vésuve ; dans le cratère de Mont-Brûl, en Vivarais ; en Auvergne.

DEUXIÈME CLASSE.

Laves poreuses.

I.ʳᵉ DIVISION.

Laves poreuses pesantes.

1. ————— *A grands pores oblongs* ; Au Vésuve, à l'Ehtna, au mont Hécla, en Vivarais, en Auvergne, etc.

2. —————*A grands pores irreguliers.* Dans presque tous les lieux dénommés ci-dessus.

3. ————— *A pores moins grands et presque tous ronds.* Dans une lave, en partie poreuse et en partie compacte, du mont *Meissners*, dans le pays de Hesse-Cassel (1).

---

(1) Je fais mention ici de cette lave poreuse qu'on trouve aussi dans d'autres contrées volcaniques, parce que le mont *Meissners*, fort renommé en Allemagne, a été visité par beaucoup de naturalistes, et nommément par M. Werner, qui jouit d'une si grande et si juste réputation parmi les minéralogistes, mais qui, professant la doctrine *neptunïenne*, n'a reconnu, sur le mont Meissners aucune trace de volcan. Je fis, en 1798, le même voyage, et j'étudiai très-attentivement cette montagne pendant deux jours que j'employai à l'observer. J'eus toutes les facilités pour remplir mon but ; car le Landgrave avait eu la bonté de donner des ordres à un officier des mineurs, qui réside sur une des croupes élevées de la montagne, de me recevoir et de me donner tous les renseignemens dont j'aurais besoin : ce qui fut exécuté de point en point. Je reconnus que la base de cette haute montagne est formée, d'abord de calcaire dur renfermant quelques *ammonites* de calcaire marneux, et au-dessus

27

4. ——— *A petits pores ronds et oblongs.* Dans uue
lave remarquable par des creux ou en-
foncemens qui ont une sorte de régula-

du calcaire, des dépôts considérables et de grandes stratifications
d'un sable quartzeux grisatre, mais plus souvent coloré par du fer.
Le sable est souvent agglutiné en grès, interrompu quelquefois par de
petites couches marneuses, et par du sable quartzeux mouvant, mélangé
de petites paillettes de mica. Ces matières règnent ainsi jusqu'au tiers
de la hauteur de la montagne, où l'on commence à trouver des
laves basaltiques errantes, que les eaux ont entraînées des parties plus
élevées. On arrive ensuite à une mine de charbon en exploitation,
dont le dépôt ou les couches ont plus de cinquante pieds d'épaisseur et occupent une grande étendue. Ce charbon est abondant en
bois fossiles bitumineux. La mine repose directement sur un petit lit
de grès blanc, qui est appuyé sur un calcaire marneux plus ou moins
dur. Le toit de la mine consiste en une couche très-mince d'argile
marneuse, sur laquelle la lave compacte basaltique a coulé immé
diatement à l'époque où la mer recouvrait probablement toutes ces
parties. Ayant reconnu ces premières laves en place, on ne les quitte
plus en s'élevant jusqu'au sommet de la montagne quoique l'espace
soit encore fort grand. Là d'énormes coulées de laves s'élèvent en amphithéâtre, et plusieurs chaussées prismatiques les accompagnent, ou
couronnent les grands plateaux basaltiques qui semblent leur servir
de support. Ces chaussées colonnaires sont nombreuses, et il y en a
de fort belles, telles que celle qui porte le nom de *Kitzkam*, d'où
j'ai détaché l'échantillon de lave moitié compacte, moitié poreuse.
J'en ai trouvé d'autres où il y a des grains de chrysolithe des volcans, quelques globules de zéolithe; j'ai reconnu aussi sur le plateau
le plus élevé, où l'on voit un marais tourbeux, de gros blocs d'une
lave particulière, où le fer oxidulé et le titane silicéo-calcaire
abondent, ainsi que le fer oligiste : celle-ci est analogue à celle que
je découvris au volcan éteint de *Beaulieu*, à quatre lieues d'Aix en
Provence. Ainsi, d'après ces faits et plusieurs autres circonstances qu'il
serait trop long de rappeler dans une note déjà trop étendue, je ne
saurais m'empêcher de considérer toute la partie élevée du mont Meissners comme aussi volcanique que les contrées de l'Italie, de l'Auvergne et du Vivarais, qui ont été très-anciennement la proie des feux
souterrains. D'autres naturalistes, tels que M. *Schaub*, qui ont visité
après moi et décrit le mont Meissners, sont de mon opinion.

rité qui rappelle des parallélogrammes
plus ou moins grands qu on aurait placés
les uns à côté des autres, tant à l'extérieur que sur les faces intérieures de
cette lave, lorsqu'on en détache des morceaux avec le marteau : quelques-uns de
ces parallélogrammes ont plus d'un pouce
de grandeur sur deux ou trois lignes de
profondeur.

Il serait impossible d'expliquer ce
système de formation, si plusieurs échantillons que j'ai en mon pouvoir n'en por-
taient eux-mêmes la démonstration.

C'est le volcan de l'île de Bourbon,
qui nous a mis à portée de connaître
pour la première fois ce singulier phénomène; et c'est à M. Hubert, excellent
observateur, qui réside dans cette île,
que je dois les détails remarquables des
circonstances qui ont donné lieu à ce
fait, ainsi que les beaux morceaux qui
leur servent de preuves, et qu il eut la
complaisance de m'envoyer. Une grande
eruption du volcan donna naissance à un
vaste courant de lave qui, se portant au
loin, atteignit une plantation de palmiers. Les arbres s'embrasèrent subitement : mais bientôt la lave les recou-
vrant et interceptant l'air, la combus-
tion cessa et les bois passèrent à l'état
de charbon; l'incandescence long-temps
soutenue, opéra sur les parties ligneuses
ainsi carbonisées des retraits d'une

certaine régularité, favorisés par la disposition fibreuse de ces bois. La lave s'insinua ensuite dans les fentes des retraits, se moula sur les noyaux charbonneux qui ont donné naissance à ces formes creuses, et qu'on aperçoit toutes les fois que le charbon a été détruit par quelque cause accidentelle, ou qu'on le détache volontairement.

Les échantillons que je possède et que je dois à l'amitié de M. Hubert, sont d'autant plus intéressans, que les uns renferment encore le charbon intact et bien conservé au milieu de la lave, tandis que les autres s'en trouvant privés par la destruction du charbon, n'offrent absolument que les creux, dont on n'aurait jamais pu reconnaître l'origine sans le rapprochement de ces divers échantillons.

M. de Berth, officier d'artillerie et excellent minéralogiste, qui pendant son séjour à l'île de Bourbon a vu M. Hubert et a fait plusieurs excursions au volcan avec lui, a rapporté. quelques morceaux semblables, qu'on voit dans sa belle collection des produits de cette île.

5. — —— *Lave prismatique triangulaire à pores oblongs et irréguliers*, des environs du château de Rochesauve, en Vivarais. Les laves prismatiques poreuses sont en général très-rares.

II.ᵉ DIVISION.

Laves poreuses legéres.

1. ———— *A pores ronds.* En Vivarais, en Auvergne, à l'île de Bourbon, à Tunis, etc.

Mon confrère et mon ami M. Desfontaines, professeur de botanique au Muséum d'histoire naturelle, a recueilli à Tunis des laves semblables, noires, légères et à petits pores ronds très - rapprochés les uns des autres, dont il a enrichi ma collection. Ce célèbre naturaliste m'a dit que les Tunisiens font usage de cette lave dans la préparation de leurs étoffes de laine, pour en allonger le poil, et qu'ils lui donnent la préférence sur l'espèce de chardon employé au même usage dans les fabriques de France, d'Angleterre et d'autres pays.

2. ———— *A pores oblongs.* Au Vésuve, à l'Ehtna, au mont Hécla, en Vivarais, en Auvergne, etc.

3. ———— *A pores irreguliers, contournés.* Au Vésuve, à l'île de Bourbon, à Ténériffe, à Stronboli, à Vulcano, en Vivarais, en Auvergne, etc.

4. ———— *A pores croisés.* A l'île de Bourbon, au Vésuve, en Auvergne, en Vivarais, etc.

5. ———— *A pores striés.* Au Vésuve, à l'Ehtna, à l'île de Bourbon, au mont Hécla : les laves légères striées en forme de câbles, de rubans et autres formes, doivent entrer dans cette classe.

Nota. Les laves poreuses ne sont que

le résultat du développement plus ou
moins actif, plus ou moins soutenu des
gaz produits par la qualité des laves,
et par l'action plus ou moins violente
des feux souterrains.

TROISIÈME CLASSE.

Laves scorifiées.

J'établis avec Dolomieu cette dénomination, parce qu'elle convient parfaitement à une modification particulière
qu'éprouvent les laves poreuses dans
quelque circonstance où la matière qui
les compose passe à un commencement
de vitrification, et se couvre d'une sorte
de vernis luisant qui les distingue des
laves poreuses ordinaires. On trouve des
laves scorifiées :

1. ———— Torses.
2. ———— Disposées en câbles.
5. ———— En rubans.
4. ———— En grappes, à grains ronds, à grains oblongs.
5. ———— En manière de stalactites, en mamelons
courts, allongés, isolés ou réunis.

Toutes ces variétés de formes dans les
laves scorifiées se rencontrent à l'Ehtna,
au Vésuve, au mont Hécla, à Ténériffe,
au volcan de l'île de Bourbon, etc.

QUATRIÈME CLASSE.

Des laves considérées relativement à leurs principes constitutifs, c'est-à-dire d'après la détermination des roches diverses qui leur ont donné naissance.

I.re DIVISION.
Des laves granitoïdes.

OBSERVATIONS.

En examinant avec attention les laves de cette nature qu'on trouve aux monts Euganéens, à Santa - Fiora en Toscane, à Lipari, aux îles Ponces, au Mont-d'Or, au Cantal, au mont Mezin en Velai; ainsi que celles des Sept - Montagnes, sur la rive droite du Rhin, en face de Godesberg; celles des environs d'Andernach, sur la rive opposée, etc. ; on distingue souvent à côté du feld-spath, du mica, de l'hornblende et des autres substances qui constituent ces roches volcanisées, des grains irréguliers d'une substance pierreuse plus ou moins limpide, d'apparence homogène, n'offrant ni lames ni divisions, rayant le verre et ayant tout l'aspect d'un quartz semblable à celui qu'on trouve si fréquemment dans la plupart des granits. Cette substance peut être confondue d'autant plus facilement avec le quartz,

qu'elle se trouve dans ces laves à côté des cristaux et des grains opaques ou demi - transparens
de feld-spath ordinaire, bien distinct, bien re-
connaissable, ou qu'elle contraste avec l'hornblende ou le mica Cet aspect trompeur a fait
long-temps considérer ces sortes de laves comme
pouvant être assimilées avec nos granits ordinaires, composés de *quartz*, de *feld-spath*, de
mica, d'*hornblende*, et ne différant de ceux-ci
que par le caractère que leur a pu imprimer la
volcanisation, en vitrifiant un peu le feld-spath
compacte, ou plutôt en le *frittant*, et lui donnant
une disposition fibreuse qui semble être le premier pas vers la pierre-ponce, sans que la substance limpide voisine ait éprouvé, dans cette circonstance, la moindre altération, conservant
encore son éclat et sa dureté.

'J'ai été moi-même pendant long-temps induit
en erreur à ce sujet Ce n'a été qu'à force de voir,
de revoir une multitude de ces laves granitoïdes,
de les attaquer par divers genres d'essais, que
j'ai reconnu que ce que j'avais pris avec plusieurs
autres naturalistes pour du quartz, n'est qu'un
feld-spath dur, brillant, transparent, qui ne
résiste pas au chalumeau, et fond plus ou
moins promptement en un bel émail blanc ou
sans couleur, aussi éclatant que le verre. J'ai
répété les mêmes expériences sur les diverses variétés de laves tirées des lieux désignés ci-des-

sus, et j'ai constamment obtenu les mêmes résultats. J'ai donc eu tort autrefois de donner à cette
substance trompeuse le nom de *quartz*, et je
m'empresse de reconnaître et d'avouer mon erreur, et de dire que toutes les laves granitoïdes
de la collection nombreuse que j'ai formée avec
beaucoup de temps, de frequens voyages et de
pénibles recherches, sont absolument dépourvues de quartz distinct et séparé, et qu'on n'y
trouve d'autre silice que celle qui y est unie ou
combinée chimiquement avec le feld-spath,
l'hornblende ou le mica.

Or, si à l'avenir cette observation ne souffre
aucune exception, ce que j'ignore, parce que
toutes les laves de cette sorte peuvent bien n'être
pas connues, il en résultera que ces laves que
les feux volcaniques ont élaborées à de grandes
profondeurs dans la terre, appartiennent à des
roches analogues à celles de nos granits; mais
qu'elles ne renferment point, comme la plupart
de ceux que nous connaissons, le quartz en grains
ou en cristaux plus ou moins réguliers.

C'est ce qui m'a déterminé à substituer au
nom de *laves granitiques*, dont j'avais toujours
fait usage comme pouvant embrasser toutes les
espèces de ce genre, celui de *laves granitoïdes*,
qui, en ne précisant rien, laisse plus de latitude.

Je sépare les laves *granitoïdes* des laves *por-*

phyroïdes, parce que les roches qui constituent les granits et qui ont donné naissance aux laves de cette nature, sont le résultat d'une cristallisation plus ou moins prompte, qui a réuni les élémens divers dont ils sont formés, en grains, en petites lames ou en cristaux généralement irréguliers et disposés sans ordre à la manière de plusieurs espèces de sels qu'on aurait fait cristalliser ensemble, en faisant évaporer trop rapidement le fluide qui les tenait en dissolution ; tandis que les laves porphyroïdes appartiennent à des roches assez analogues, à la vérité, à celles des granits, quant aux élémens chimiques, mais qui en diffèrent en ce que les porphyres ont une base ou pâte dans laquelle les cristaux de feld-spath et autres substances se trouvent constamment engagés, ainsi que nous l'exposerons plus particulierement en traitant des laves porphyroïdes.

PREMIÈRE SECTION.

Laves granitoïdes à gros grains.

1. ———— Lave granitoïde, dont le fond, d'un blanc grisâtre, est composé de grains irréguliers blanchâtres de feld-spath qui ont une apparence quartzeuse, mais qui fondent facilement au chalumeau : une multitude de très-petites lames noires, minces et hexagonales de mica, sont dissé-

minées parmi les grains de feld-spath, et
de gros cristaux de cette même substance,
d'un blanc nacré, configurés en parallélipipèdes, et dont quelques-uns, de plus d'un
demi-pouce de longueur sur trois lignes environ de largeur, sont engagés de distance
en distance dans ce granit dépourvu de
quartz apparent. Les grains de feld-spath
ont un peu souffert par le feu, et les
cristaux sont frittés. On en voit même
quelques-uns qui commencent à passer
à l'état de pierre ponce, et se divisent
en linéamens capillaires. Cette lave, qui
est fortement attirable, vient du *Mont-
d'Or.* On en trouve d'analogues aux îles
Ponces, à Lipari, à Santa-Fiora en Toscane, etc.

2. ———— A base de feld-spath granuleux blanchâtre,
tacheté de points de mica noir hexagonal
et d'hornblende noire, en petits cristaux
ternes. Le feld-spath a été un peu étonné
par le feu. Faiblement attirable. Des monts
Euganeens dans le *Padouan.*

3. ———— A grandes lames de mica brillant et comme
bronzé, dont quelques-unes ont plus d'un
pouce de largeur, dans une pâte raboteuse, fondue sans être vitreuse, d'un noir
violâtro, et criblée de grands pores. Le
feld-spath devait être chargé de beaucoup d'oxide de fer, et mêlé d'une grande
quantité d'hornblende, dont on voit d'ailleurs quelques restes, pour avoir acquis

cette couleur et ce caractère particulier
de fusion pâteuse.

Cette belle lave granitoïde se trouve
à une lieue et demie d'Andernach. Elle
est faiblement attirable.

4. ———— A fond de feld-spath granuleux, rougeâtre,
strié comme la pierre ponce, et de feld-
spath blanc en cristaux frittés avec quelques lames hexagonales de mica brun,
de très-petits grenats rougeâtres en partie
fondus, et une substance noire vitreuse
qui paraît être de l'hornblende. Elle
est faiblement attirable. De Santa-
Fiora en Toscane.

5. ———— A base de feld-spath blanc, en grains irréguliers, un peu lamelleux, avec une multitude d'aiguilles et de linéamens d'hornblende noire, et de petits grenats altérés de couleur violâtre. Elle est fortement attirable à l'aimant, et vient du
pic de Ténériffe. Envoi de M. Bory de
Saint-Vincent.

6. ———— Lave granitoïde d'un blanc un peu grisâtre
dans son ensemble, composée d'une multitude de très - petits grains rapprochés
les uns des autres, de feld-spath blanc,
un peu farineux; de grains beaucoup plus
gros de feld-spath blanc luisant, écailleux, et comme nacré, dont quelques-
uns ont une tendance à la cristallisation,
tandis que d'autres laissent apercevoir
quelques cassures rhomboïdales. Des

points noirâtres, mais ternes, sont disséminés dans le feld-spath, et paraissent devoir leur origine à de l'hornblende altérée par l'action du feu, dont le feldspath un peu fritté a la même empreinte.

Cette lave granitoïde est essentiellement remarquable, en ce que ce bel échantillon, qui a cinq pouces six lignes de longueur sur trois pouces de largeur, est traversé par une bande ou ruban de granit noir et blanc, d'un bel éclat, formé de petits grains de feld-spath d'un blanc très-pur, et d'autres petits grains d'hornblende du plus beau noir, et qui n'a point été altéré.

On voit quelquefois des accidens analogues à celui-ci dans les granits des bords du lac Majeur, dont on fait un si grand usage à Milan pour les constructions.

Ce rare échantillon de lave granitoïde vient du Cantal; je le dois à la bonté de M. Grasset, qui a enrichi ma collection de plusieurs objets aussi remarquables, qu'il a recueillis lui-même dans ses excursions minéralogiques.

7. ———— A fond noir bleuâtre, avec de petits reflets brillans provenant de points écailleux et de nœuds d'une substance pierreuse blanche, à cassure terne : des grenats rouges, demi-transparens, en partie fondus, ce qui empêche d'en déterminer la forme, sont engagés indistinctement au milieu de la substance noire et au milieu de celle

qui est blanche. La première, qui est compacte, fond au chalumeau en verre noir, et a tous les caractères de l'hornblende. La seconde, en verre blanc, est un feld-spath compacte. Les grenats, dont quelques-uns ont la grosseur d'un petit pois, ont conservé leur couleur rouge violâtre : plusieurs sont seulement gercés ; d'autres, déformés et à demi-fondus.

Cette lave remarquable se trouve aux environs du cap de Gatte en Espagne.

SECONDE SECTION.

Laves granitoïdes à grains fins.

8. ———— Lave granitoïde formée d'un mélange de petits grains irréguliers d'hornblende noire, très-rapprochés les uns des autres ; de petits grains et de petites lames de feld-spath blanc un peu nacré. L'hornblende étant plus abondante dans cette lave que le feld-spath, elle a un aspect noir dans sa cassure, particulièrement lorsqu'on en fait scier un morceau sans le polir ; elle ressemble alors à une lave compacte basaltique : mais si l'on fait polir une de ses faces, comme elle est susceptible de recevoir le lustre le plus vif, le poli fait ressortir de petites taches, des points, et comme de légers linéamens blancs, faibles à la vérité, mais qui percent néanmoins sur le fond noir de la lave.

En observant avec attention cette lave
à la loupe, l'on reconnaît la cause qui
la fait paraître entièrement noire lorsqu'elle n'est que sciée. Cela tient à ce
que le feld-spath étant disséminé en petites lames très-minces et transparentes
sur le fond noir de l'hornblende, celle-ci
reflète, ou plutôt laisse voir la couleur
noire, qui en paraît même plus foncée.
Mais le fait le plus remarquable que
présente cette lave, que je reconnus pour
la première fois sur le sommet du mont
Mezin en Velai, à neuf cents toises
d'élévation, il y a plus de vingt ans,
c'est que, malgré sa dureté qui lui
permet de recevoir le plus beau poli, l'action de l'air, de la pluie, des
frimas et des autres météores qui règnent à cette hauteur, lui fait éprouver
une altération particulière qui se manifeste d'abord sur les faces extérieures,
et qui consiste à ronger en partie le
feld-spath le moins dur, et à mettre
à nu celui qui résiste ; tandis que
les grains d'hornblende restent intacts,
noirs et saillans : ce qui produit en quelque sorte l'anatomie de cette lave et
met à jour ses parties constituantes, de
manière qu'en observant les faces extérieures ainsi disséquées, l'on croit apercevoir alors un véritable granit à petit
groin ; tandis que les faces qui n'ont pas
été exposées à cette altération, conser-

vent tous les caractères de lave granitoïde noire, fortement attirable à l'aimant.

On excusera la longueur de cette description, en faveur de ce fait et de ce
que cette singulière lave me mit sur la
voie de chercher à opérer artificiellement une décomposition sur d'autres
laves compactes, et à reconnaitre par
là les principes constituans de celles qui
paraissent les plus homogènes à la vue ;
procédé que je ferai counaitre.

Cette lave, je le répète, se trouve sur
le plus haut du mont Mezin. J'en ai reconnu depuis de semblables, et même
de prismatiques, dans les environs de
Hesse-Cassel, ainsi qu'auprès d'un village à une lieue et demie avant d'arriver à Gottingue.

9. ———— Lave granitoïde, composée de feld-spath
blanc en petits grains, un peu farineux
sur leur surface, ce qui est dû à l'action
du feu; et d'une substance noire et terne,
disséminée en petits points dans la lave,
et qui paraît être de l'hornblende altérée.
Mais ce qui rend cette lave remarquable,
c'est qu'elle est lardée de gros cristaux
bien distincts formés en prismes tra-
pézoïdaux, d'un feld-spath blanc, nacré,
translucide, semblable au feld-spath
adulaire du mont Saint-Gothard.

Cette belle lave se trouve sur la rive
droite du Rhin, au pied des *Sept-Mon-*

tagnes, presque en face de *Godesberg*. J'en possède des échantillons que j'ai recueillis sur les lieux, et où les cristaux de feld-spath ont un pouce de longueur sur quatre lignes de largeur. Elle est fortement attirable à l'aimant.

10. ————Lave à grains de feld-spath blanc, plus durs et mieux conservés que ceux du n.° 9, d'une contexture plus serrée, mêlée d'hornblende, noire, disposée en points, en linéamens, et même en petits parallélipipèdes, plus abondans, moins altérés, et d'un plus beau noir que ceux de la lave ci-dessus. On y voit de distance en distance quelques grenats rougeâtres si petits qu'on ne peut les reconnaître qu'avec une forte loupe ; ce qui ne permet pas de distinguer leur forme.

Cette lave est employée dans les constructions ; elle peut être taillée au ciseau, sciée en table, et recevoir un beau poli : elle fait mouvoir fortement le barreau aimanté. On la trouve à peu de distance de la précédente, vers la base des *Sept-Montagnes*, où il y en a de grandes carrières en exploitation pour l'usage des villes voisines : mais on ne trouve pas dans cette variété les gros cristaux de feld-spath adulaire qui distinguent celle du n.° 9 ; les petits grenats qu'on y trouve la rendent intéressante, et m'ont déterminé à la décrire.

11. ————— Lave granitoïde, composée d'une multitude
de petits cristaux blancs, irréguliers,
disposés en linéamens distincts qui paraissent écailleux , brillans et comme
un peu frittés lorsqu'on les examine
à la loupe ; leur longueur moyenne est
de trois lignes environ, et leur largeur
de deux : ils se croisent à angles droits
avec d'autres cristaux prismatiques in-
déterminés, de même forme et grandeur,
d'une substance de couleur noire foncée,
un peu mate dans la cassure , mais qui
a néanmoins un aspect un peu vitreux ,
et même un peu métallique, lorsqu'on
polit le morceau sur une de ses faces;
ce qui ne diminue en rien l'intensité
de la couleur noire. Ces cristaux rap-
pellent , au premier coup-d'œil , l'idée
de l'hornblende ou de la tourmaline
noires qui auraient éprouvé une légère
altération par le feu. Enfin, l'on distingue
dans la pâte de cette singulière lave,
quelques pores irréguliers et des lames
minces et brillantes de fer spéculaire,
qu'on peut rapporter au fer sublimé des
volcans (fer *oligiste* de M. Haüy).

Si l'on broie dans un mortier d'a-
gate des portions de cette lave , la
partie cristallisée blanche s'égrène et se
pulvérise avec facilité : tandis que les
cristaux noirs opposent une grande résistance et se séparent en grains anguleux, qui
sont rebelles et résistent long-temps à la

percussion et au frottement. Ces grains coupent facilement le verre, et sont si attirables qu'ils s'élèvent vers le barreau aimanté comme s'ils étaient du fer pur; ils s'attachent les uns à la suite des autres et se tiennent suspendus au barreau, de manière à n'être séparés que par une forte secousse. Lorsqu'on observe ces grains à la loupe, on y reconnoît des sections de cristaux octaèdres, et l'on voit d'une manière distincte que ce fer est de la même nature que celui qu'on trouve en si grande abondance parmi les sables volcaniques du ruisseau d'Expailly, dans l'ancien Velai, et auxquels M. Haüy a donné le nom de fer *oxidule*.

Voilà donc une lave très - singulière, qui renferme avec abondance du fer *oxidulé*, accompagné de fer *oligiste*; mais j'ai reconnu, par diverses expériences qu'il serait trop long de rapporter ici, que ces deux espèces de fer qui entrent comme principes constitutifs dans cette lave, sont unis ou combinés avec du *titane*, et que les cristaux blancs qui forment environ la moitié du poids de la lave, ne sont que du *titane siliceo-calcaire*.

J'ai trouvé cette lave en blocs isolés, sur le plateau le plus élevé du mont *Meissners*, dans le pays de Hesse. Il y en a qui pèsent plus de cent cinquante livres,

28 *

et ne sont composés que des mêmes
élémens, disposés dans le même ordre.
Ces blocs reposent sur des laves compactes basaltiques, recouvertes de laves
décomposées, sur lesquelles la végétation
s'est établie; ils sont dispersés sur ce
plateau, et enfoncés de quelques pouces
de profondeur dans la lave altérée. Il est
probable qu'ils sont les restes de masses
beaucoup plus considérables, qui auront
été détruites et qui ont appartenu à des
courans de mêmes matières : l'altération
que le fer éprouve à l'air, est encore
une des causes de leur destruction.

Nous ne connaissons rien d'analogue
au genre particulier de roche qui a
donné naissance à cette singulière lave,
que j'ai appelée *granitoïde* parce que,
étant formée d'une agrégation de cristaux pierreux, de *titane siliceo-calcaire*,
qui se croisent et s'entrelassent avec des
cristaux imparfaits et des grains de fer
oligiste, et avec quelques écailles de fer
oxidulé, son tissu et sa contexture ont
l'aspect plutôt granitique que porphyritique; on ne saurait d'ailleurs la placer
autre part.

Au surplus, nous allons voir qu'une
lave semblable existe et forme un grand
courant au milieu d'autres laves de nature différente, dans le volcan éteint de
Beaulieu, à cinq lieues d'Aix, dans
l'ancienne Provence, où le fond du sol

ou du plateau au travers duquel le volcan s'est fait jour, est calcaire, ainsi qu'au
mont Meissners. Et puisque l'un et l'autre
de ces volcans éteints offrent, au-dessus
du calcaire, des amoncellemens de laves
entièrement étrangères à ce genre de
pierre, et qu'on ne trouve rien de semblable dans les contrées qui n'ont jamais
été la proie des feux souterrains, telles
que les Alpes, les Pyrénées et autres;
il faut bien en conclure que ces matières
gisent, non-seulement au-dessous du
calcaire, mais à des profondeurs qui
excèdent peut-être celle de nos granits
et de nos porphyres ordinaires, puisque
les laves granitiques et porphyritiques
que les volcans mettent au jour, sont
dépourvues de quartz en grains ou de
quartz en cristaux, ainsi que je l'ai déjà
observé ailleurs : tandis que la plupart
de nos granits et de nos porphyres en
sont pourvus. D'ailleurs, la roche particulière que je viens de décrire sous le
n.° 11, nous est entièrement inconnue,
comme roche de ce genre; son gisement doit donc être à une grande profondeur, puisque nous ne la rencon-
trons que dans les pays volcanisés.

Si l'on trouvait, au reste, que j'ai
eu tort de la placer à la suite des laves
granitoïdes, rien n'empêche de la considérer ici comme dans une sorte d'*ap-
pendix*, d'où il sera facile de la reti-

rer lorsque les circonstances exigeront
de lui allouer une autre place ; mais en
attendant, sa contexture, sa disposition
granuleuse, ne m'ont pas permis de la
ranger autre part.

12. ————— Lave granitoïde analogue à la précédente,
et qui n'en diffère que par de légères
modifications ; telles, par exemple, que
celle du fer oligiste, qui, au lieu d'être
disposé en petites écailles, s'y trouve
configuré en lames presque aussi grandes
que l'ongle, dont les faces sont mar-
quées de petites lignes multipliées qui
courent parallèlement les unes à côté
des autres, et dont la disposition
générale donne naissance à des lames
hexaèdres.

Le fer oxidulé y est aussi abondant
que dans l'échantillon du n.º 11, disposé de la même manière, d'une couleur aussi noire, ayant un aspect vitreux, semblable à celui de l'obsidienne
en grain, mais étant tout aussi attirable
à l'aimant, que le fer oxidulé décrit
dans le numéro précédent.

Le titane silicéo-calcaire qui forme le
fond de la lave, est d'une consistance
plus dure, d'un blanc légèrement jaunâtre, en cristaux informes, confus et
comme granuleux, mais translucides
qu'ique un peu frittés : le fer oxidulé,
distinct par la couleur, se croise et s'entre-
lace dans tous les sens avec le *titane* ;

tandis que le fer oligiste est disséminé
en lames qui paraissent avoir été semées
au hasard. Cette lave est susceptible de
recevoir le poli ; mais l'on y voit,
ainsi que dans la précédente, plusieurs
pores qui s y manifestent de distance en
distance, et qui en diminuent un peu
l'éclat. Je dois observer en passant que
l'une et l'autre espèce de fer, si abondamment disséminées dans cette lave,
sont combinées avec du titane, ainsi que
je le dirai plus particulièremènt dans la
section des sables ferrugineux des volcans.

Je découvris cette seconde variété
de *lave granitoïde titanee*, sur une
des pentes inclinées du volcan éteint de
Beaulieu, à deux lieues d'Aix, dans l'ancienne Provence, au-dessus d'un petit
ruisseau dont le sable est mêlé de beaucoup de paillettes et de grains de fer oxidulé, qui sont entraînés, par les pluies,
de l'escarpement voisin où est la lave
en question, formant une espèce de
grande coulée qui a plus de vingt pieds
d'épaisseur moyenne, sur une longueur
apparente de plus de soixante. Une partie de cette coulée entre en décomposition par l'oxidation du fer, et les pluies
l'attaquent facilement, et entraînent les
portions réduites en sables dans le lit
du ruisseau ; mais les parties supérieures
sont intactes et solides. C'est de là que j'ai

tiré l'échantillon décrit dans ce numéro (1).

TROISIÈME SECTION.

Laves granitoïdes schisteuses.

13. —————— Lave granitoïde schisteuse, composée de
très-petits grains de feld-spath d'un brun
rougeâtre, de grains anguleux beaucoup
plus gros de feld-spath blanc, et d'une
multitude de petites lames de mica brun,
brillant, cristallisées en·hexagone, et disposées dans le sens des lames, c'est-à-
dire horizontalement et sur leurs faces
planes, ainsi qu'on l'observe sur la plupart des granits feuilletés (gneiss des
Allemands). Le feld-spath blanc à gros
grains de cette lave, est réuni en lignes
parallèles qui forment autant de petites
couches, qui se disjoignent en coupes
horizontales lorsqu'on les frappe sur la
tranche avec un marteau; ce qui tient
non-seulement à la disposition et à la
contexture de la roche qui a donné naissance à cette lave, mais encore à l'action

---

(1) Voyez dans les Annales du Muséum d'histoire naturelle,
tome VIII, pag 206 et suiv., le *Voyage géologique au volcan éteint
de Beaulieu*, *département des Bouches-du-Rhône*. Comme je n'avais
point encore soumis à l'analyse le titane silicéo-calcaire, qui entre
comme un des principes constituans de cette lave, je l'avais considéré alors comme du feld-spath ; c'est une erreur à corriger dans
la description de cette lave, insérée dans ce Voyage : je m'empresse
de la rectifier.

que le feu lui a fait éprouver : le feld-
spath est fritté et granuleux. Il ne faut
pas oublier de dire qu'on y voit aussi,
mais en très-petite quantité, des points
d'hornblende ; mais ils y sont très-rares.

Cette belle lave schisteuse granitoïde
se trouve à *Lipari* au-dessous des grands
courans de pierre - ponce décrits par
Dolomieu.

14. —————— Lave granitoïde schisteuse, avec du feld-
spath d'un gris jaunâtre, granuleux,
terne, entre lequel sont interposés d'autres grains de feld-spath blancs, vitreux,
ainsi qu'une multitude de petits cristaux
minces, allongés, d'hornblende noire,
disposés en lignes horizontales, qui se
dessinent en petites couches et donnent
à cette lave un aspect fissile.

Se trouve à l'île de *Vulcano*.

Nota. Voilà quatorze espèces ou variétés de laves granitoï les, décrites sur
des échantillons d'un beau volume de
ma collection, que les minéralogistes
sont à portée d'observer. J'aurais pu en
signaler un plus grand nombre de variétés que je possède ; mais comme elles
rentrent plus ou moins dans celles que
je viens de faire connaître, j'ai dû éviter de m'attacher à des différences trop
légères : elles m'auraient entraîné d'ailleurs dans des détails trop minutieux.

CINQUIÈME CLASSE.

Des laves porphiroïdes.

VUES GÉNÉRALES.

Quoique la ligne de démarcation qui existe entre les granits et les porphyres ne soit pas toujours aussi bien prononcée qu'on pourrait le désirer, les minéralogistes et les géologues qui ont acquis l'habitude d'observer en place ces deux genres de roches de très-antique formation, qui en ont suivi avec attention les gisemens, les transitions, et qui ont bien étudié les espèces et les variétés des uns et des autres, éviteront de les confondre.

Il suffira de rappeler ici ce que j'ai dit ailleurs, que je considère les porphyres proprement dits comme étant composés d'une pâte fusible qui leur sert de base, au milieu de laquelle des cristaux plus ou moins réguliers de feld-spath, quelle que soit la couleur, se trouvent engagés, et sont accompagnés assez souvent de grains ou de petits cristaux de quartz, de cristaux ou de lames d'hornblende, de pyroxène, etc.

Quoique le fond des porphyres paraisse quelquefois homogène, ce n'est qu'une apparence

trompeuse qui tient à la grande ténuité des molécules constituantes, et au fer qui s'y trouvant
oxidé à tel ou à tel degré, adopte des livrées différentes, dont les couleurs plus ou moins foncées
dérobent souvent à la vue les parties élémentaires
diverses qui ont servi à former la pâte de la
roche.

Cette pâte des véritables porphyres est constamment fusible, et cela doit être ainsi, puisque l'a-
nalyse chimique y reconnaît la *soude*, qui y entre
souvent pour la quatorzième partie sur cent, l'alumine, la terre siliceuse, un peu de chaux et
beaucoup de fer dans tel ou tel degré d'oxidation.
La *soude* tient quelquefois un peu de *potasse*.

Or il a dû arriver que les doses plus ou moins
fortes des unes ou des autres de ces substances
minérales, ont donné lieu à une multitude d'accidens de composition, de contexture et de
mélanges, qui ont pu, non-seulement former
des variétés, mais produire même de nouveaux
corps. D'un autre côté l'activité du dissolvant,
la diversité des causes qui ont pu ralentir,
suspendre ou déranger l'acte de la cristallisation,
ou celui de la précipitation de tant de molécules,
sont autant de circonstances qui ont nécessairement répandu beaucoup de diversité dans ces
roches composées.

C'est en se familiarisant ainsi avec cette marche
de la nature, et en l'ayant sans cesse présente à

la pensée, qu'on pourra se former des idées plus nettes et plus précises du genre de formation de ces sortes de roches. Et si les volcans, en exerçant leur action à de grandes profondeurs dans le sein de la terre, élèvent quelquefois à sa surface des espèces ou variétés nouvelles qui nous étaient inconnues auparavant, le fil de l'analogie servira à diriger l'observateur, qui ne sera point embarrassé à placer de telles laves parmi les porphyroïdes, toutes les fois que leur pâte plus ou moins colorée, fusible par elle-même, et ayant des cristaux de feld-spath qui y sont engagés, sera la même que celle des porphyres, quand même il s'y trouverait quelque substance additionnelle nouvelle, que nous ne trouvons pas dans nos roches porphyritiques ordinaires, telles que des grains de péridot (chrysolite des volcans), des amphigènes, (leucite de Werner), etc. etc.

L'on comprend, d'après cela, combien il est nécessaire de bien saisir ces distinctions, et d'en faire l'application aux laves qui ont des rapports d'analogie et de ressemblance avec les roches porphyritiques. Ces rapprochemens m'avaient paru si naturels, que j'en fis usage en 1784, dans un ouvrage que je publiai à cette epoque, sous le titre de *Minéralogie des Volcans*, ouvrage qui a besoin d'être refondu, et qui n'a d'autre mérite que celui d'avoir réveillé

alors l'attention des minéralogistes, sur une matière propre à répandre des lumières sur la géologie, et qui depuis lors a fait de grands progrès;
j'établis à cette époque la distinction des laves
porphyritiques et celle des laves granitiques.
Dolomieu adopta ces distinctions, et employa les
mêmes dénominations dans son Catalogue des
laves de l'Ehtna, et a continué d'en faire usage
dans ses autres ouvrages où il a traité des matières volcaniques

Si l'on demande à présent de quelle manière
je considère minéralogiquement la base des
porphyres proprements dits, je répondrai que
je ne saurais la regarder autrement que comme
une substance pierreuse analogue à celle qui constitue les trapps des Suédois, et qui en a tous les
caractères, ainsi que je crois l'avoir démontré
au chapitre qui traite des roches trappéennes,
dans la partie des Essais de Géologie, où j'ai déve-
loppé cette question : je me réserve cependant d'en
dire encore un mot, à la section des *laves à base
de feld-spath compacte*, ainsi qu'à celle *des
laves amigdaloïdes*, qui ont pour base le trapp;
je renvoie donc à ces divisions pour ne point
faire de confusion, et je me restreins ici à décrire les laves porphyroïdes.

Laves porphyroïdes avec des cristaux de feld-spath.

1. ————— Lave porphyroïde à fond noir, dure et pesante, quoique un peu poreuse, avec des
cristaux de feld-spath blancs, d'une consistance un peu lâche et comme frittés, formés en général en parallélogrammes.

Cette lave, qui a une grande action
sur le barreau aimanté, se trouve au
mont Ehtna.

2. ————— *Idem*, à pâte plus fine et plus compacte,
à fond d'un brun foncé violâtre, avec
une multitude de petits cristaux de feld-
spath d'un blanc un peu grisâtre, bien
prononcés, très-rapprochés les uns des
autres, et formés, les uns en rhomboïdes,
les autres en parallélipipèdes plus ou
moins réguliers, plusieurs en grains de
forme ovale et même arrondie. Cette lave
porphyroïde est très attirable et susceptible de recevoir un beau poli.

Se trouve *à l'île des Salines*, près du
village d'*Amalfa*. Dolomieu, qui m'en
fit parvenir de beaux échantillons, dit
qu'elle forme de grands courans qui se
terminent, d'après ses expressions, *comme
autant de marches d'escalier*, c'est-à-
dire que cette lave est disposée en tables.

On en trouve en Auvergne de semblables, mais en tables minces, dont on

fait usage dans quelques villages pour couvrir les maisons.

3. ———— *Idem*, à fond d'un brun violâtre , avec des cristaux de feld-spath blanc, dont les formes sont irrégulières et l'aspect un peu terne; ce qui est le résultat d'un commencement d'altération.

De la commune de *Trizac*, canton de *Mauriac*, en Auvergne.

4. ———— *Idem*, à fond gris un peu violâtre, très-abondante en cristaux plus ou moins réguliers, de feld-spath blanc : cette lave porphyroïde, qui est un peu décomposée, fait mouvoir néanmoins le barreau aimanté.

Elle vient de· *Mauriac* ; on la trouve aussi dans d'autres parties de l'Auvergne.

SECONDE SECTION.

Laves porphyroïdes avec du feld-spath et du mica.

5. ———— Lave porphyroïde, à fond couleur gris de lin un peu violâtre, avec des cristaux irréguliers de feld-spath d'un beau blanc, de petites lames de mica d'un noir foncé, dont quelques-unes sont hexagones.

Du *Liorens* , montagne qui fait partie du Cantal. La pâte de cette lave est très-compacte; sa cassure est saine et vive, et son aspect est feld-spathique : mais si l'on se rappelle que la base des roches trappéennes est quelquefois si rapprochée de celle des feld - spaths compactes, qu'elle n'en diffère souvent que par une plus grande dose de fer, et quelquefois même par une modification particulière de ce métal, on ne sera pas étonné que, dans certaines circonstances, les émanations volcaniques n'aient agi sur celui-ci. Et en effet on aperçoit dans quelques cassures de cette lave des dentrites ferrugineuses noires, qui annoncent ce fait: au surplus, elle fait encore mouvoir le barreau aimanté.

On trouve quelquefois dans cette même lave du *Liorens* quelques petits cristaux de titane silicéo-calcaire; mais ils y sont-très-rares en général. J'en possède un échantillon de cette espèce, que je dois aux bontés de M. de Lezers, minéralogiste très-instruit et fort exercé dans la connaissance des productions volcaniques de l'Auvergne.

6. ⸺⸺ *Idem*, à fond gris, avec des cristaux de feld-spath blanc, et du mica noir, mais moins abondant que dans la précédente.

Du Mont-d'Or; on en trouve aussi aux îles Ponces, à Lipari, etc.

TROISIÈME SECTION.

Laves porphyroïdes avec du feld - spath et du pyroxène.

7. ⸺⸺ Lave porphyroïde, à fond gris foncé, avec des points, des linéamens et des cristaux de feld-spath blanc, et des pyro-

xènes noirs en petits cristaux : cette lave
est susceptible de recevoir un beau poli.
Des volcans éteints de la Campanie,
de ceux des environs de Rome, de *Santa-Fiora*, en Toscane, etc.

QUATRIÈME SECTION.

*Laves porphyroïdes avec des cristaux de pyroxènes
noirs, et des petits grains de pyroxènes verts.*

8. ———— Lave porphyroïde à fond gris foncé, avec
une multitude de petits cristaux plus
ou moins réguliers de pyroxènes noirs, et
de petits grains irréguliers de pyroxènes
verdâtres.

Cette lave, qui fait mouvoir le barreau
aimanté, est susceptible de recevoir le
poli : elle a pour base une pâte fusible
semblable à celle des porphyres ordinaires, et donne par l'analyse les mêmes
résultats que les roches feld-spathiques
trappéennes. Comme elle ne diffère des
porphyres ordinaires que parce qu'au lieu
d'avoir des cristaux de feld-spath, elle
renferme des cristaux de pyroxène, elle
doit trouver sa place naturelle parmi les
laves porphyroïdes.

Celle-ci est d'autant plus remarquable
qu'elle vient de *Chimborazo*, dans les
Andes, volcan le plus élevé de la terre,
puisqu'il a, d'après la mesure de M. de
Humboldt, qui a suivi la formule baro-
métrique de M. de Laplace, 3358 toises
ou 6544 mètres.

Cette lave y forme des stratifications
qui ont en tout dix huit cent quarante
toises d'épaisseur, d'après les mesures
déterminées par le même savant; mais
une masse aussi énorme de lave de la
même nature, ne peut être considérée
que comme le résultat d'une suite nombreuse de coulées, qui ont eu lieu probablement à diverses époques, et qui
attestent la haute antiquité de ce colosse
volcanique.

Je possède un bel échantillon de cette
lave remarquable, que je tiens de l'a-
mitié de M. de Humboldt, qui a bien
voulu en enrichir ma collection, et lui
a donné un double prix, en l'accompa-
gnant d'une étiquette de sa main et d'une
lettre d'autant plus estimable, que cet
illustre voyageur, qui a appris la minéralogie à l'école de Werner, était imbu
des principes neptuniens de ce grand
naturaliste (1).

La même lave se trouve abondamment dans les environs de Pouzzole.

Id. Dans les anciennes laves du Vésuve; j'en possède un échantillon abso-

_____

(1) « Je me hâte de vous offrir pour votre collection, une roche de
» Chimborazo, prise à 1840 toises de hauteur. *Je suis tout à-fait de*
» *votre avis, que les volcans produisent des substances porphyritiques,*
» et que le globe a eu jadis des révolutions volcaniques différentes de
» celles d'aujourd'hui. Je serai bienheureux, mon cher ami, si cette
» roche vous fait quelque plaisir, etc. HUMBOLDT. »

lument semblable à celle de Chimborazo pour le ton de couleur et pour la
forme des cristaux 'de pyroxène, mais
qui a en outre, à une de ses extrémités,
un *nodus* entièrement composé de pail-
lettès de mica brillant, mais un peu
rougeâtre.

9. ———— Lave porphyroïde à fond gris foncé, faisant mouvoir le barreau aimanté, aussi
dure que les précédentes, et susceptible
comme elles de recevoir le poli, avec
des grains anguleux, des aiguilles, et
des cristaux réguliers de pyroxène vert.
Trouvée parmi les anciennes laves du
Vésuve.

CINQUIÈME SECTION.

*Lave porphyroïde avec de l'hornblende (amphibole
de M. Haüy) et du feld-spath.*

10. ———— Lave à fond violâtre, avec une multitude
de linéamens et de cristaux plus ou
moins réguliers d'hornblende noire, et
des grains irréguliers de feld-spath blancs,
qui ont pénétré quelquefois dans les cristaux d'hornblende.
La base de cette lave est un peu
alterée.
On la trouve à Santa-Fiora, en Toscane.

SIXIÈME SECTION.

Laves porphyroïdes avec de l'hornblende seule.

11. ———— Lave d'un gris noirâtre avec de gros cristaux

29 *

d'hornblende laminaire très - noire et
brillante.

On la trouve au *Mas de Puissanton*,
à une demi-lieue de *Chaumerac*, en
Vivarais.

12. ——— *Id.* D'un brun rougeâtre foncé, avec une
multitude de cristaux et d'aiguilles brillantes d'hornblende, d'un éclat aussi
vif que celui des plus belles tourmalines
noires.

Du Pic de Ténériffe; m'a été apportée,
par M. Bory-Saint-Vincent, savant naturaliste, qui l'a recueillie sur les lieux.

SEPTIÈME SECTION.

*Laves porphyroïdes avec de l'hornblende et du
péridot granuleux* (chrysolite des volcans).

13. ——— Lave porphyroïde si riche en hornblende
noire, qu'elle équivaut à plus du double
du poids de la lave, qui est très-pesante
elle-même. Elle renferme en outre des
grains de péridot ou chrysolithe des volcans. Cette lave a un peu souffert par le
feu et a quelques pores. L'hornblende
qui s'y trouve en gros fragmens irréguliers, ou plutôt en cristallisation con-
fuse, s'est un peu déformée sans avoir
perdu sa couleur; son éclat est un peu
moindre : le péridot est oxidé sur sa
surface, ce qui le fait paraître irisé.

Du Pic de Ténériffe, envoi de M. Bory-
Saint-Vincent.

HUITIÈME SECTION.

Laves porphyroïdes avec des cristaux d'amphigène.
(Leucite de Werner).

———————

OBSERVATIONS SUR LES AMPHIGÈNES.

La pâte dans laquelle les cristaux d'amphigènes sont engagés dans les anciennes laves du *Vésuve*, dans celles de *Caprarola*, d'*Albano*, dans les laves compactes prismatiques de *Bolsena*, en un mot dans celles qu'on trouve dans le territoire de Naples, présente, non-seulement les mêmes caractères extérieurs, mais les mêmes principes chimiques et la même fusibilité, que celle qui sert de base aux véritables porphyres.

Or, si l'on substituait par la pensée, des cristaux de feld-spath à ceux d'amphigène, dans la lave dont il est question, il est évident qu'on ne saurait les placer autre part que dans la section des laves qui ont pour origine le porphyre. Ici donc les amphigènes formant un système de cristallisation particulier dans les laves qu'on trouve en grande abondance parmi celles désignées ci-dessus, où ces cristaux jouent un rôle analogue à celui des feld-spaths, il en résulte un si grand rapprochement qu'on ne saurait les placer plus convenablement que dans cette section, avec d'autant plus de raison encore, que de même qu'on voit de véritables

porphyres qui contiennent, outre les feld-spaths,
des cristaux de pyroxenes ou des cristaux d'hornblende, de même aussi on rencontre ces derniers
cristaux unis aux amphigènes, dans l'espèce particulière de lave qui nous occupe.

Cependant, si dans un cas particulier qui ne
s'est point présenté jusqu'à présent, on venait à
trouver la même lave avec des amphigènes non
cristallisés, mais simplement disposés en globules
ronds ou ovales, ou même de forme moins régulière encore, je cesserais de les considérer
comme devant appartenir à la classe des laves
porphyroïdes proprement dites, et je les ran-
gerais dans une section voisine plus analogue,
celle des *laves amigdaloïdes.* J'en donnerai plus
particulièrement les motifs, en traitant de ces
dernières espèces de laves.

La cristallisation de l'amphigène est de vingt-
quatre facettes trapézoïdales.

Sa forme primitive, le dodécaèdre rhomboïdal.
La grandeur des cristaux varie; il y en a qui
n'ont pas un quart de ligne, d'autres qui ont
depuis une ligne jusqu'à douze et même au-delà.
J'en possède un isolé qui a un pouce de grosseur,
mais on en voyait un dans le cabinet de Thompson,
à Naples, qui avait dans son grand axe dix-huit
lignes, et quatorze dans son petit.

Les amphigènes présentent des variétés de couleurs différentes; on en trouve de jaunâtres, de

blancs, de rouge pâle, de rouge ocreux, de cendré clair, de cendré verdâtre : les blancs paraissent tenir cette couleur de la décomposition. Il y a des cristaux d'amphigènes intacts qui sont absolument opaques, d'autres demi-transparens. Breislak, qui a publié d'excellentes observations sur les amphigènes, fait mention d'un cristal trouvé à Pompeii, dont *les deux tiers de la masse étaient transparens comme le verre, le reste opaque et de couleur blanc-sale*; ce qu'il attribue à un commencement de décomposition.

L'amphigène raie le verre, lorsque les cristaux sont sains et non dans un commencement de décomposition. En cet état, il est infusible au chalumeau à un feu même long-temps soutenu, et sur les fragmens les plus minces; mais lorsque l'amphigène a été altéré par l'action des gaz ou par toute autre cause, et qu'il est converti en substance blanche friable et comme terreuse, alors il devient fusible au chalumeau, et coule en émail blanc semblable à celui que produit le feld-spath.

M. Klaproth analysa le premier l'amphigène du Vésuve, de Pompeii et d'Albano. Comme c'est dans des laves que ces amphigènes existent, je dois rappeler ici ces analyses, afin que ceux qui s'occupent de l'histoire naturelle des volcans, puissent les consulter.

Analyses· de l'amphigène , par M. Klaproth.

	Du Vésuve.	De Pompeii.	D'Albano.
Silice	53, 5o.	54, 5o.	54
Alumine	24, 25.	23, 5o.	23
Potasse	20, o9·	19, 5o.	22

M. Vauquelin fit aussi l'analyse de la même substance : il obtint des produits semblables à ceux qu'avait reconnus Klaproth ; il trouva de plus la potasse dans la lave même.

14. ———— *Lave·porphyroïde avec des cristaux opaques d'amphigènes d'un blanc un peu nacré, dont les plus gros, qui sont en même temps les plus nombreux, ont depuis trois lignes jusqu'à cinq, dans leurs plus grands axes : les autres sont plus petits.*

Ces cristaux, lorsqu'on les considère dans leurs cassures ou sur les faces d'un échantillon qu'on a fait polir, présentent dans leurs sections des gerçures ou des divisions qui imitent jusqu'à un certain point les pétales de petites roses blanches, dont la couleur tranche sur le fond noir de la lave. L'on peut attribuer ces lignes transversales, à l'action d'un refroidissement trop brusque à l'époque où la lave était dans un état d'incandescence ; ce qui au reste n'a point altéré le fond de la pâte, qui est noire, compacte, dure, susceptible de recevoir un beau poli, fortement atti-

rable, et fusible au chalumeau en un
verre noir, luisant et opaque.

Se trouve à *Capo di Bove*, à *Capra-*
rola et dans quelques parties des environs de Naples.

15. ——————— Id. *Avec de gros cristaux d'amphigènes*
ternes et d'un blanc mat, parmi les-
quels on en voit quelques-uns qui sont
transparens, lamelleux, et ont des
parties vitrifiees et fondues.

La lave qui enveloppe ces cristaux,
est d'un noir grisâtre; sa pâte est sèche,
âpre au toucher, semée de pores irréguliers, et fait mouvoir, malgré cela,
le barreau aimanté; on ne saurait attribuer qu'à la grande activité du feu,
l'état vitreux de ces amphigènes.

Ce bel échantillon vient des anciennes
laves du Vésuve, où l'on en trouve quelquefois de semblables.

16. ——————— Id. *Avec des cristaux blancs, opaques,*
ternes, et si alteres qu'on peut les at-
taquer et les reduire en sable avec
l'ongle; ils conservent néanmoins en-
core leur forme, sont gros et fort
rapproches les uns des autres.

La lave qui les renferme est d'un noir
terne un peu grisâtre : elle a perdu une
partie de sa dureté; mais elle fait mouvoir encore le barreau aimanté. On voit,
au m lieu de ces cristaux d'amphigènes
ainsi altérés, des linéamens et des grains
noirs d'une substance analogue à celle

de la lave meme, et qui paraissent s'être
introduits avec effort au milieu de ces
amphigènes, par de petits déchiremens
qu'ils éprouvaient pendant que la lave
était dans un état de fluidité, et dont
on peut suivre la trace; il est possible
aussi que quelques-uns de ces cristaux
eussent enveloppé à l'époque de leur
formation, quelques cristaux plus ou
moins réguliers, de pyroxènes ou d'am-
phibboles, qui auraient éprouvé par la
suite la même altération que les amphigènes.

Cette lave se trouve en abondance
dans les environs de *Viterbe*.

17. ——— *Lave porphyroïde avec des cristaux
d'amphigènes, blancs, opaques, qui ont
quelques points noirs dans leur centre,
et des cristaux irréguliers de pyroxènes
noirs, disperses dans la lave.*

Celle-ci est noire, dure, susceptible
de recevoir le poli, attirable, fusible
en verre noir brillant; on la trouve en
grande masse et quelquefois en prismes,
à Bolsena.

Les environs de *Civita - Castellana*
en fournissent une analogue à celle-ci,
mais plus riche en pyroxènes noirs; et
ceux d'*Aqua-Pendente* en ont une qui
ne diffère de celle-ci, qu'en ce que les
pyroxènes sont d'un vert jaunâtre.

18. ——— *Lave porphyroïde avec des amphigenes
cristallisés d'un blanc jaunâtre, demi-*

transparens et durs , accompagnés d'amphibole ou hornblende noire.

La lave qui les renferme est noire , compacte, dure et attirable.

On la trouve à *Borghetto*, à *Bolsena*, à *Aqua-Pendente* et à *Albano*.

19. ————. Id. *Avec de très-petits cristaux d'amphigènes blancs , opaques , très-rapprochés les uns des autres , et qui n'ont pas une ligne de diamètre* ; accompagnés de cristaux irréguliers, beaucoup plus gros, d'amphibole noir.

Dans une lave noire, dure, compacte, fortement attirable , des environs de *Tivoli* et d'*Aqua-Pendente*.

20. ————— Id. *Avec des cristaux presque microscopiques d'amphigènes blancs , demi-transparens , qui sont si rapprochés qu'ils semblent se toucher les uns les autres·; mélangés de cristaux irreguliers de plusieurs lignes de longueur, d'amphibole noir.*

Se trouve abondamment à *Bolsena*, dans les environs de *Civita-Castellena*, et de *Viterbe*.

21. ————— Id. *Avec de très-petits cristaux d'amphigènes blancs, demi-transparens; des cristaux irréguliers d'amphibole verdâtre.*

Dans une lave à fond violâtre, demi-dure, dont le fer est un peu oxidé; ce qui est cause qu'elle ne fait point mouvoir le barreau aimanté.

Des environs de *Viterbe*.

22. ————— *Lave porphyroïde avec de gros cristaux d'amphigènes blancs, translucides; en général écailleux et comme gercés, avec de très-petits éclats, quelquefois même avec de petits linéamens d'une substance d'un très-beau bleu céleste, d'apparence cristalline, qui rappelle l'idée du saphir, et mieux encore celle du lazulite, lorsqu'on l'observe avec plus d'attention à l'aide de la loupe.*

Se trouve à *Albano*, dans une lave compacte, couleur gris de fer.

Ces amphigènes sont véritablement très-remarquables, en raison de cette substance d'un bleu vif et agréable, qui n'y a point été déposée après coup, mais qui tient au même système de formation. Ils le sont encore sous un autre point de vue; car la lave qui les renferme a sa pâte semée de petits éclats de la même substance bleue : mais ces éclats sont si petits qu'ils n'excèdent pas la tête d'une épingle, ce qui rend très-difficiles les moyens physiques et chimiques propres à reconnaître avec certitude cette substance.

On trouve aussi dans la pâte de la lave en question, des points noirs brillans qui paraissent comme fondus, et qui pourraient bien être des grains d'amphibole, de pyroxènes ou de grenats noirs, sans qu'on puisse néanmoins l'as-

surer : on y voit aussi quelques points
de pyrite arsénicale attirables.

J'avais reconnu autrefois dans les pierres-ponces des environs de l'abbaye de
Laach, du côté d'*Andernach*, de petits
grains ou éclats d'une substance bleue
analogue à celle de la lave d'*Albano*, et
qui n'en diffère point, non - seulement
par les caractères extérieurs, mais par
quelques autres propriétés.

Je les considérai d'abord comme des
fragmens de saphir. Leur belle couleur
m'induisit en erreur; mais leur peu de
dureté ne me permit plus de les regarder que comme voisins du *lazulite :*
cependant comme cette dernière pierre
se boursoufle et fond au chalumeau en
un émail blanchâtre, et que les grains
de la substance bleue de la pierre-ponce-
des environs de *Laach* résistent à l'action
du chalumeau, dans cet embarras je
recourus aux lumières de mon savant
confrère M. Haüy qui eut la bonté de
me dire qu'il possédait dans sa collection un échantillon analogue aux miens,
recueilli à *Clooster-Laach*, par M. Cordier, ingénieur des mines, à peu de distance du lieu où j'avais trouvé mes morceaux, et que cet échantillon offrait une
ébauche de cristallisation assez prononcée pour faire soupçonner que cette
pierre avait un grand rapport avec celle
à laquelle M. Haüy avait donné le nom

de *Pleonaste*, dans son Traité de Minéralogie, tome III, page 17. Ce fut l'o-
pinion que j'adoptai moi-même dans un
Mémoire que je publiai dans les Annales du Muséum d'histoire naturelle,
tome I, page 21, où je fis connaître
les diverses productions minéralogiques
des anciens volcans éteints des environs
d'*Andernaoh* et de ceux de l'abbaye
de *Laach*.

Lorsqu'on n'a encore que de très-
petits fragmens d'une substance pierreuse et de simples ébauches de cristallisation, on peut être exposé à se
tromper.

J'ai attaqué au chalumeau le minéral
bleu qu'on voit dans les cristaux d'amphigènes d'*Albano* et dans la lave qui le
renferme, et je l'ai trouvé tout aussi infusible que celui qui existe dans les pierres-
ponces de *Laach*; leur dureté m'a paru
la même, et l'un et l'autre se décolorent
et forment une gelée dans les acides nitrique et muriatique. Voilà tout ce que
je puis dire à ce sujet; c'est lorsqu'on
pourra obtenir de plus grandes portions
de cette singulière substance, qu'on aura
les moyens de la soumettre à une analyse rigoureuse qui ne laissera rien à
desirer, et alors on sera à portée de
prononcer en connaissance de cause.

Enfin, je terminerai cet article, que
j'ai été forcé d'étendre beaucoup plus

DES PRODUITS VOLCANIQUES. 463

que je ne l'aurais désiré, par un dernier
fait propre à répandre quelques lumières
sur les substances avec lesquelles l'amphigène est associé. Ce fait est relatif au
mica. On trouve quelquefois dans les
laves qui renferment des *amphigènes*,
cette dernière substance unie au *mica;*
mais c'est ordinairement en très-petites
paillettes isolées et peu nombreuses; tandis que dans les environs de Rome on rencontre accidentellement dans le sol volcanique, de gros noyaux isolés, dont
quelques-uns sont de la grosseur du poing,
qui ne sont entièrement composés que de
mica noir cristallise et d'amphigène.
La disposition élémentaire de ces deux
substances minérales qui se sont cristallisées en même temps est telle, que les
amphigènes blancs sont comme embóí-
tées dans le mica qui a affecté la cristallisation hexagone; de telle sorte qu'on n'a-
perçoit pas le moindre intervalle entre
eux : les cristaux d'amphigènes sont
d'autant plus remarquables dans ce cas-là,
que leur couleur blanche ressort vivement
sur le fond noir foncé et brillant du mica.

Mais comme la gangue de cette dernière variété d'amphigène est une roche
micacée qui peut avoir été arrachée de
la profondeur de la terre par la force
des explosions volcaniques, je ne considère point celle-ci comme ayant été
volcanisée.

SIXIÈME CLASSE.

Des laves variolitiques.

OBSERVATIONS.

J'ai été dans le cas de former cette nouvelle
division, parce que j'ai rencontré plusieurs fois
dans les produits de quelques volcans des laves
compactes et même des laves demi-poreuses,
couvertes, tant extérieurement que dans l'intérieur, de taches sphériques de couleur différente
de celle du fond de la lave.

La pâte de ces laves est tout aussi fusible et a
le même aspect que celle des laves porphyritiques : elle paraît être absolument de la même
nature. Les globules appartiennent au feld-spath
et sont fusibles, comme ce dernier, en un émail
d'un blanc laiteux ; il y a donc un grand rapport
entre ces laves et les laves porphyroïdes : mais ici
la forme des globules a un caractère si prononcé
et si différent des cristaux feld-spathiques des porphyres, que je me sentais une sorte de répu-
gnance à les ranger dans la même classe.

Je leur trouvais d'ailleurs une sorte de physionomie si rapprochée de celle des véritables
variolites , dont les globules appartiennent aussi

au feld-spath, que je me sentais entraîné à en faire une classe à part, surtout depuis que j'avais reconnu la variolite en place sur la montagne *Della Guardia*, en Ligurie, dans une roche qui contient à la vérité une portion de magnésie, mais qui est très-riche néanmoins en feld-spath, abstraction faite de ses globules très-rapprochés les uns des autres. D'ailleurs, cette roche présente des variétés où la terre magnésienne est beaucoup moins abondante, et alors elle a une grande ressemblance avec le trapp, et a la même fusibilité. D'autre part, la variolite de la Durance n'est-elle pas aussi composée de globules de véritable feld - spath fusible, renfermés dans une pâte de feld-spath compacte. Or, comme je ne range point les variolites de cette sorte parmi les amigdaloïdes, que je réserve pour une autre classe, j'ai cru que la méthode et l'ordre y gagneraient, si j'établissais une classe particulière de laves sous le nom de *variolitiques*, parce qu'il y a lieu de croire que celles-ci tirent leur origine de la roche qui renferme les variolites.

1. ———— Lave *variolitique* compacte, à fond gris-verdâtre, avec une multitude de taches globuleuses d'un gris beaucoup plus foncé et presque noirâtre, dont la pâte est plus fine et plus dure que celle de la lave, fusible au chalumeau comme elle en un émail blanc. La grandeur des·

taches est à-peu-près égale, on pourrait la
comparer à celle des petits pois dans leur
primeur: ces taches sphériques sont rapprochées les unes des autres, mais disséminées sans confusion; et comme elles
sont d'une dureté plus considérable que
celle de la lave qui les renferme, il en
résulte que, lorsque l'action de l'air attaque à la longue la pâte de la lave, les
taches qui résistent davantage deviennent
saillantes et globuleuses. Les minéralogistes savent qu'il en est de même de
la variolite verdâtre de la Durance,
ainsi que de celle à fond noir des environs de Suze et de Turin, dont les taches sont saillantes, parce qu'elles ont
résisté beaucoup plus que la base à l'action des frottemens et du roulement de
ces variolites dans les torrens.

Cette belle, lave variolitique, qui vient
de Ténériffe, fait mouvoir fortement le
barreau aimanté, et le fond de sa pâte
est tacheté de très-petits points de feld-
spath blanc : elle est susceptible de recevoir le poli. J'en possède un superbe
échantillon, que je dois à M. Bailli, minéralogiste de l'expédition du capitaine
Baudin.

M. Bory de Saint-Vincent a eu la bonté
de son côté de m'en apporter un autre
du même volcan, dont les taches sphériques sont du double plus grandes.

2. ———— *Id. A fond gris, et à très-petites taches*

spheriques, *d'un gris plus foncé*, très-rapprochées les unes des autres, et qui n'excèdent pas la grandeur d'une tête d'épingle ordinaire.

Cette lave compacte est susceptible de recevoir le poli : elle fait mouvoir le barreau aimanté ; et malgré sa dureté, elle a une tendance à se diviser en tables, et même en feuillets, lorsqu'on la frappe vivement et à coups secs avec un marteau.

Celle-ci se trouve à la *Vedrine*, en Auvergne.

3. ———— *Id. A fond gris un peu verdâtre*, avec des taches sphériques absolument analogues, quant à la pâte et à la couleur, à celles du n.° 1, mais quatre fois plus petites et beaucoup plus nombreuses.

Cette lave compacte est susceptible de recevoir le poli : elle renferme dans sa pâte quelques grains écailleux et de petits cristaux de feld-spath blanc, ainsi que quelques cristaux en aiguilles de pyroxène noir. Elle a une action assez forte sur le barreau aimanté; et quoiqu'elle soit dure, elle peut être taillée avec des marteaux à pointes bien trempées, puisqu'il en existe de belles et grandes colonnes à la façade de l'ancienne église des Jésuites du *Pui en Velai*, qui ont été traitées de cette manière, et ensuite adoucies au grès et au sable fin. Les

carrières de cette lave ne sont pas à une
grande distance de cette ville.

4. ———— Lave *variolitique à taches orbiculaires blanches*, de quatre lignes de diamètre envi-
ron, sur un fond gris. La couleur blanche
provient d'un peu d'altération, mais les
globules feld-spathiques ne sont point
superficiels, et pénètrent dans toute la
masse : cette lave, sans être très-dure,
peut recevoir néanmoins le poli ; elle fait
mouvoir le barreau aimanté.

Elle se trouve en Auvergne, au *Pas-
de-Compain* ; j'en possède un bel échantillon que je tiens de l'amitié de M. Grasset.

5. ———— *Id.* A fond et à taches globuleuses de la
même couleur que celle du n.° 4, mais
beaucoup plus petites, plus rapprochées
les unes des autres, et d'une rondeur
moins égale ; fait mouvoir le barreau aimanté : sa dureté est semblable à celle
de la lave précédente. Elle vient du
Puy-Creux, en Auvergne.

6. ———— Lave *variolitique bleuâtre*, à très-petits
pores, avec une multitude de taches
orbiculaires blanches de deux lignes
environ de diamètre. *Du Cratère de
Mont-Brul*, dans l'ancien Vivarais.

Cette lave paraît plutôt bleue que
bleuâtre, lorsqu'elle est frappée par la
lumière du soleil, et qu'elle est en opposition de couleurs avec les laves rouges,
noires et jaunâtres, qui abondent dans

cette superbe bouche volcanique. La
lave, dont il est ici question, est disposée le plus souvent en espèces de
grandes boules irrégulières, qui se
séparent par couches ou par feuillets
lorsqu'on les attaque avec un marteau. Les espèces de calottes qui s'en
détachent sont couvertes, tant sur leur
concavité que sur leurs faces convexes,
de taches variolitiques multipliées, blanches et tranchantes, qui ne sont point
le résultat d'une décomposition, mais
qui dérivent de la roche première qui a
servi à la formation de cette belle lave.

SEPTIEME CLASSE.

Des laves feld-spathiques, dont la base est du feld-spath compacte.

OBSERVATIONS.

J'ai hésité pendant quelque temps à séparer cette classe de celle qui appartient aux laves à base de trapp, qui ont beaucoup de rapports chimiques avec les laves que Dolomieu appelait *petrosiliceuses*, et que je préfère de nommer *feld-spathiques.*

Mais le gisement et le système de formation des roches trappéennes, m'a paru présenter de trop grandes différences pour les confondre ainsi. On a pu voir, dans ce que j'ai écrit sur les trapps, que ceux-ci n'occupent pas en général de petites places isolées dans la nature, mais qu'ils se lient aux roches porphyritiques par des transitions qu'un œil exercé peut suivre, lorsqu'il a acquis l'habitude d'observer la nature sur la nature même.

Or, comme ces grands systèmes de formation appartiennent à des causes générales, et qu'ils n'ont pu s'opérer par des moyens partiels, il a dû

en résulter des composés divers qui ont adopté des
caractères qui leur sont propres, et qui ont établi
entre eux des différences qu'il est d'autant plus
important de distinguer, qu'ils nous tracent jusqu'à un certain point, et lorsqu'on ne s'égare pas,
la marche véritable de la nature.

Ceux qui se sont appliqués d'une manière
constante et suivie à l'étude difficile des productions nombreuses et variées des volcans, auront reconnu sans doute qu'il existe des laves
qui ont pour base un véritable feld - spath
compacte, telles que celles des îles Ponces et
quelques - unes des monts Euganéens, qui
sont jaunâtres; d'autres, dont la couleur est d'un
gris clair, tirant un peu sur le rose, qui ont
quelquefois une sorte d'aspect résineux, ce qui
leur fit donner dans le temps, par Dolomieu, le
nom de *laves résiniformes*, mais qu'il est nécessaire de séparer des *pechsteins* ou *pierres de
poix-résine*, qui appartiennent à un autre genre.
Enfin, on trouve des laves feld-spatiques d'un très-
beau noir, mais à pâte très-fine, qu'on pourrait
confondre quelquefois avec des laves à base de
trapp, si leur couleur noire ne disparaissait au
premier coup de feu du chalumeau, et si la lave
ne fondait en un bel émail blanc qui caractérise le feld-spath compacte. On remarque aussi
quelques laves feld-spathiques, que les feux volcaniques ont, dans quelques circonstances parti-

culières, fait passer à l'état de véritable pierre-
ponce, sans avoir dénaturé entierement le caractère du feld-spath compacte.

Quelques personnes qui n'ont pas été à portée
de suivre et d'étudier les effets de la *volcanisation*, qu'on me passe cette expression, pourront
objecter que des roches feld-spathiques que l'action du chalumeau fait couler en émail blanc,
ne sauraient résister à celle des feux souterrains,
bien plus active sans doute.

Mais j'aurai l'honneur de leur répondre, que
des matieres mises en fusion à de grandes profondeurs dans le sein de la terre, sous des masses
énormes qui exercent une pression d'une force
incalculable et s'opposent au dégagement de
toute espèce de gaz, doivent éprouver, ainsi que
le fait le démontre, un mode particulier de fusion, qui diffère essentiellement de celui que
nous obtenons par l'art, en faisant usage de nos
combustibles ordinaires, et en opérant au milieu
de l'air et sous la simple pression de l'atmosphère.

Si quelqu'un cherchait à contester ce point de
fait, il faudrait l'engager à observer les laves anciennes et les laves modernes du Vésuve où de
l'Ehtna, où l'on voit tant de courans qui ont
coulé sous les yeux de mille témoins, et dont les
laves sont pour ainsi dire jonchées de toutes parts
de *pyroxenes*, de cristaux de *feld-spath* ou de
cristaux d'*amphigènes*, qui sont restés intacts au

milieu des matières en fusion qui les renferment.

Qu'on veuille bien me pardonner cette digres-
sion, qui m'a paru d'autant plus nécessaire, qu'il
est important d'en avoir les résultats souvent
présens à la pensée, lorsqu'on observe sur les
lieux, et à plus forte raison dans les cabinets, les
laves qui ont pour base le feld-spath.

J'ajouterai encore, au sujet des feld-spath, un
fait qui n'avait pas échappé à l'œil attentif de
Dolomieu, et qu'il est à propos de rappeler ici :
c'est qu'il existe quelquefois dans une même lave
deux sortes ou variétés de feld-spath, dont l'une,
compacte et très-fusible, sert de base à l'autre,
configurée en cristaux plus ou moins réguliers,
mais qui est réfractaire; de manière qu'il peut arriver, et la chose a lieu quelquefois, que la base
est entrée en fusion tandis que les cristaux sont
restés intacts.

1. ——————— *Lave feld-spathique noire*, opaque, homogène, à pâte très-fine et un peu luisante,
à cassure conchoïde, rayant le verre, et
se fondant malgré cela en un émail blanc
demi - transparent, et faisant mouvoir
fortement le barreau aimanté : de la
montagne volcanique de *Catajo*, non
loin du *palais Obizo*, à l'entrée des
monts Euganéens, du côté de la *Ba-
taille*; je l'ai recueilli moi-même sur
les lieux.

On en trouve une très - analogue à *Vulcano.*

2. ———— *Lave feld-spathique d'un gris clair* tirant *un peu sur la couleur de chair*, à pâte fine, translucide sur les. bords, rayant le verre et ayant une tendance à se détacher en écailles lorsqu'on l'attaque avec le marteau : elle est fusible au chalumeau et fait mouvoir légèrement le barreau aimanté. On y distingue quelques petites écailles de mica ; mais elles y sont rares.

D'une des îles Ponces : elle me fut envoyée dans le temps par Dolomieu.

3. ———— *Lave feld-spathique blanche,* pesante, rayant le verre, un peu frittée ; ce qui a rendu sa contexture granuleuse dans quelques parties qui ont le plus résisté à l'action du feu, tandis que les autres sont striées et commencent à passer à l'état de pierre - ponce : quelques petites paillettes très - minces de mica noir, sont disséminées en petite quantité dans la pâte de cette lave blanche, qui, étant vitrifiée en partie, n'est point attirable.

Des monts Euganéens, dans le Padouan.

4. ———— *Id.* De la même couleur, mais brillante et un peu vitreuse, disposée en petites écailles minces, légères, un peu striées, et quelquefois même un peu boursouflées : aussi est-elle moins pesante que la précédente. Elle est semée de quelques pe-

tites écailles de mica noir. Cette lave,
qui commence à passer à l'état de pierre-
ponce, ne fait point mouvoir le barreau
aimanté, mais elle est fusible au chalumeau.

Elle vient *de l'île de Milo, dans
l'Archipel.*

5. ———— *Lave feld-spathique d'un blanc grisâtre,*
nuancée par places d'une teinte rose plus
ou moins pure, avec une multitude de
petites paillettes de mica noir, si brillantes qu'il a l'apparence trompeuse du
fer micacé des volcans. Le feld-spath de
cette lave est un peu fritté, ce qui en
rend la pâte âpre au toucher et dure au
point de rayer facilement le verre : elle
n'est point attirable, mais elle est fusible en un verre demi-transparent.

Elle vient *des îles Fonces.*

On en trouve une variété analogue
au *Puy-de-Dôme,* en Auvergne, et une
autre, à-peu-près semblable, aux *monts
Euganéens.*

6. ———— *Lave feld-spathique blanche, avec des
écailles brillantes de mica brun,* et des
portions granuleuses de feld-spath presque limpide, et d'une pâte plus cristalline que celle de la base qui les renferme.

Cette belle lave vient du *Mont-d'Or,*
en Auvergne.

On en trouve une analogue dans les
monts Euganéens ; mais la couleur du

fond est d'un gris blanc faiblement verdâtre : les lames de mica sont d'un
brun plus foncé, et les parties granuleuses de feld-spath, qui sont d'un blanc
un peu rougeâtre, ont éprouvé un peu
d'altération, tandis que la pâte qui les
renferme est saine. On trouve sur le
mont *Mezin*, dans le Velaï, plusieurs
variétés de laves qu'on peut rapporter à
celle-ci, et qui n'en diffèrent que par
la couleur, qui est d'un blanc plus ou
moins pur, ou qui a quelquefois une
teinte un peu verdâtre.

Nota. Le mica noir brillant est ordinairement associé aux laves feld-spathiques, tandis qu'on y voit très-rarement
l'amphibole et le pyroxène ; mais la plupart de ces laves, dont la base est un
véritable feld-spath compacte bien ca-
ractérisé, renferment des grains d'un
feld-spath plus brillant, plus vitreux,
qui résiste davantage à l'action du feu.
Ce feld - spath granuleux, qui n'est que
le résultat d'une cristallisation imparfaite, peut avoir adopté, dans quelque
circonstance, la forme régulière du
feld - spath ; j'en ai vu un exemple
dans une lave du mont *Mezin*, et dans
une seconde de l'Auvergne. Ce fait pourrait jeter quelque embarras dans la classification ; mais je ne balancerais pas,
dans le cas où les cristaux seraient

bien prononcés, bien tranchans, quoique
la base fut feld - spathique et différât,
par l'aspect et par la couleur, de celle
des véritables porphyres, de les placer
parmi les laves *porphyroïdes*, parce
que, dans le fond, elles appartiennent
à un même ordre de formation, et
qu'il n'y a de différence chimique qu'en
ce que la base de l'une, celle des
porphyres, est plus riche en fer que
l'autre. Il en est de même de la lave
véritablement feld - spathique, toutes
les fois que, soumise à l'action vive des
feux volcaniques, elle commence à se
vitrifier et à prendre l'aspect particulier auquel Dolomieu avait donné le
nom de *résiniforme*. Dans ce cas, il est
plus convenable de placer ces laves,
ainsi modifiées, à la tête de la division
des pierres - ponces proprement dites,
dont elles forment le passage; ou, si elles
sont véritablement fondues, à la classe
des *émaux des volcans*. Il ne faut pas
perdre de vue que les meilleures méthodes, celles même qui se rapproche-
raient le plus de la marche de la nature,
ont pour but principal de faciliter l'é-
tude et d'écarter la confusion que pré-
senteraient de trop grandes masses d'objets mêlés et confondus ensemble; tels
que ceux, par exemple, qu'accumulent,
au milieu de leurs vastes débris, les embrasemens souterrains. Ce n'est qu'à force

d'habitude, à force de recherches et d'étude, qu'on peut parvenir à saisir des rapports et à former des groupes qui, subordonnés eux-mêmes à des divisions plus ou moins heureuses, servent de point d'appui et de repos à l'esprit, et lui permettent de distinguer les objets, de suivre leurs liaisons, et d'embrasser quelquefois leur ensemble et parvenir insensiblement à déchiffrer quelques-unes des grandes énigmes de la nature.

HUITIÈME CLASSE.

Des laves amigdaloïdes à base de trapp.

OBSERVATIONS.

Les véritables trapps forment dans la nature une classe particuliere de roche que l'analyse rapproche des feld-spaths compactes, et qui n'en diffèrent que par une plus grande quantité de fer.

Les trapps se trouvent le plus souvent dans le voisinage de roches porphyritiques, et cela doit être, puisque les porphyres véritables ont pour base la substance pierreuse composée qui porte le nom de *trapp*, nom suédois qu'il est nécessaire de conserver, d'abord par respect pour nos premiers maîtres en minéralogie, *Cronsteds* et *Vallérius*, qui en ont fait usage : secondement, parce qu'un nom étant nécessaire à ce genre particulier de roche, il vaut bien mieux laisser subsister celui qu'on lui a donné de tout temps dans un pays d'où nous sont venues les premieres notions sur cette pierre, que d'en fabriquer un qu'un autre aurait le même droit de changer s'il ne lui convenait pas.

Je répète ici ce que j'ai dit ailleurs en d'autres termes au sujet des trapps.

1.° Lorsque cette roche se présente sous un aspect homogène, du moins en apparence, qui est dû à la couleur plus ou moins obscure qui en voile les principes constitutifs, je lui conserve le nom de trapp.

2.° Si des cristaux de feld-spath se manifestent au milieu de la substance des trapps, je les considère alors comme de véritables porphyres, qui ont pour base la roche trappéenne. La couleur n'étant dans cette circonstance que le résultat des différens degrés d'oxidation que le fer est susceptible d'éprouver, et ne changeant en rien la nature essentielle de la pierre, je l'exprime alors par une simple épithète relative à cette couleur.

3.° Si la même base, au lieu d'offrir des cristaux qui caractérisent immédiatement les formes déterminées du feld-spath des porpyhres, ne présente que des taches sphériques de la même substance que le feld-spath, mais dont la cristallisation gênée n'a pu adopter que la forme globuleuse avec de légers linéamens partant du centre, et qui ne sont que de faibles ébauches de cristallisation, je les considère alors comme de *véritables variolites* à base de trapp, dont le fer est oxidé en couleur verdâtre ou rougeâtre, ou quelquefois noire.

4.° Lorsque la substance du trapp renferme

dans sa pâte une multitude de globules ronds,
ovales, granuleux ou de diverses autres formes,
variant de grandeurs, depuis celle d'une grosse
noix et au-delà, jusqu'à la petitesse d'une tête
d'épingle, et que ces globules sont de *spath
calcaire ordinaire*, de *calcaire arragonite*, de
stilbite, de *mésotipe*, d'*analcime*, etc. qui dans
ce cas là ont les mêmes formes globuleuses ou
granuleuses que le calcaire ci-dessus ; je la range
dans la classe des *amigdaloïdes*, en faisant mention
de la base et en qualifiant la nature des globules.

Je rejette dans cette circonstance le système
des infiltrations, qui est inadmissible lorsqu'on
a étudié en place les amigdaloïdes naturelles qui
n'ont point éprouvé l'action des feux souterrains, et qui sont le type et les analogues de
celles qui ont été volcanisées, de même que les
roches porphyritiques ont donné naissance aux
laves qui en portent le nom.

Ce système des infiltrations ne saurait résister
aux faits que démontrent de magnifiques échantillons de trapps amigdaloïdes, des environs d'*O-
berstein* et de *Kirn*, dans l'ancien Palatinat, où
l'on voit, dans la base trappéenne de cette roche,
des cristaux de feld-spath blanc bien prononcés,
qui se sont formés simultanément avec des globules spathiques calcaires de la même couleur,
qui non-seulement leur sont accollés, mais qui
se croisent quelquefois entre eux, sans qu'on

distingue, même à l'aide d'une forte loupe, le moindre vide, la plus petite cavité qui ait pu permettre au calcaire de s'y infiltrer après-coup : et si l'on brise avec le marteau cette roche composée, on reconnaît dans son épaisseur le même système de formation ; de manière qu'on ne saurait révoquer en doute que ces élémens divers n'aient été suspendus dans un même fluide, et que le triage ne s'en soit fait plus ou moins promptement à l'aide des affinités respectives, ou plutôt de la force attractive qui déterminait leur rapprochement et leur union. Il en a été ainsi des principes composans de la *stilbite*, de l'*analcime*, de la *chabasie* et de la *mésotipe*, lorsque ceux-ci s'y sont rencontrés, et lorsque la chaux y a été en trop petite quantité, ou qu'elle y a manqué entièrement, il en est résulté des amigdaloïdes à globules de *stilbite*, d'*analcime*, etc.

Ce principe une fois admis (et il ne saurait être contesté par les lithologistes instruits, puisque les faits le démontrent), il est à croire que si des roches de cette nature deviennent la proie des feux souterrains, le caractère premier que leur a imprimé la nature par la voie d'un dissolvant aqueux, ne sera pas effacé par celle d'un fluide igné qui, agissant à de grandes profondeurs et sous la pression des masses qui pèsent sur lui avec des efforts qu'il ne saurait vaincre, altèrera à peine les parties sur lesquelles il se portera : car altérer dans une telle circonstance, c'est disjoindre, c'est séparer, c'est gazifier les principes constituans d'un corps; ce qui ne saurait avoir lieu sous des ressorts compressifs d'une telle puissance que rien n'est capable de les vaincre.

Or que doit-il arriver, et qu'arrive-t-il dans cette circonstance? Et ici les faits résultant des volcans en activité sont d'accord avec la théorie : c'est que le feu ne pouvant désunir ces principes, s'accumule, se concentre, dans les masses les plus exposées à son action; celles-ci en sont alors, en quelque sorte, saturées; elles se dilatent et éprouvent une fluidité pâteuse, qui donne naissance à la lave, et peut même occasioner des retraits prismatiques, si elle reste captive dans le fond de son vaste creuset, et que le feu se dissipe graduellement.

Mais si la chaleur, au contraire, continue à se développer, si la dilatation augmente, et que de nouvelles laves succèdent aux premières, de manière à les forcer à rompre la barrière qui les retient, et qu'elles coulent à l'extérieur; alors tout ce qui est en contact avec l'air passe à l'état de laves poreuses, parce que nul obstacle ne s'opposant plus au dégagement des gaz, ceux-ci brisent facilement leurs enveloppes, et laissent après eux les vides cellulaires qui constituent les laves poreuses.

Mais cet état de choses ne peut durer long-temps:

car bientôt l'action de l'air froid agit, une croute
supérieure se forme, se consolide en voûte ; celle-
ci retient le calorique, arrête la déperdition des
gaz, les comprime ; toute altération cesse, et la
lave peut couler encore au loin, sans dénaturer
les caractères et les formes de ses parties constituantes.

Telle est, si je ne me trompe, la marche simple
de la nature dans les grandes opérations du feu,
qui s'exécutent avec lenteur et constance dans
les profondeurs de la terre, hors du contact de
l'air extérieur et sous la pression incalculable des
masses supérieures ; opérations qui diffèrent si fort,
tant par leurs résultats que par leurs phénomènes,
de ce que l'art exécute avec ses faibles moyens,
lorsqu'il emploie l'agent du feu au milieu de l'air
atmosphérique qui sert à l'alimenter, et dont
le poids est d'une si faible résistance comparativement aux autres lois de la gravitation, qu'on
ne saurait assimiler l'un à l'autre.

L'on voit, d'après cet exposé, combien je suis
éloigné d'admettre la théorie des infiltrations, que
j'ai constamment combattue dans le temps même
où Dolomieu l'adoptait, principalement au sujet
de la formation des zéolithes, qu'il considérait
toutes comme infiltrées, même celles qu'on trouve
en noyaux dans le centre de certaines laves compactes basaltiques, qui n'ont pas la plus légère
apparence de pores.

Il peut y avoir eù, je ne révoque point la chose en doute, quelques infiltrations partielles produites par des matières préexistantes, dans certaines fissures accidentelles, où l'eau a pu les reprendre et les remanier pour les déposer ensuite dans des places toutes formées, où rien ne gênait le système de leur cristallisation.

Mais plus on observe, plus on étudie ces sortes de dépôts cristallins dans quelques fentes ou dans quelques fissures, plus on les compare aux cristaux bien prononcés, soit calcaires, soit zéolithiques, qu'on remarque dans les vides cellulaires de quelques laves poreuses ; plus on est porté à croire que s'il est vrai que les premiers sont l'ouvrage de l'infiltration, il n'est pas aussi bien démontré que les seconds aient tous, en général, une origine semblable.

Car le feu peut, dans certaines circonstances, opérer, en sa qualité de fluide igné, des résultats analogues à ceux que produit le fluide aqueux. Les cristaux de fer octaèdres, formés par sublimation dans l'acte de la volcanisation, nous en fournissent un bel exemple, relativement aux métaux (1) : pourquoi n'aurait-il pas la même faculté

_____

(1) Breislak, dans ses savantes recherches sur l'Éruption du Vésuve, qui eut lieu en 1794, a donné des détails très-curieux concernant les effets de la lave sur les substances naturelles ou artificielles qui en furent

relativement à d'autres substances minérales susceptibles de cristallisation.

Ainsi, par exemple, s'il arrive que le feu attaque
vivement une roche amigdaloïde à globules calcaires, et la ramollisse sans la dénaturer, alors
l'acide carbonique uni à la chaux, ne pouvant se frayer une route pour s'échapper, en
abandonnant la base à laquelle il était uni, il en
résultera, qu'exerçant une action impulsive très-
forte contre la lave qui l'enveloppe, ses efforts

---

recouvertes lorsque le village de *Torre-del-Greco* fut
détruit. « Dans les fouilles faites pour jeter les fondemens
» de cette ville naissante, on trouva un grand nombre
» de corps dont Tompson donna un Catalogue en 1795. »
Le fer malléable est devenu fragile ; quelquefois son
intérieur *s'est cristallisé en octaèdres attirables à l'aimant.* On a trouvé des barres de fer dont la surface
avait des protubérances en forme de vessie, *dont quelques-unes montraient, dans leur intérieur, des lames
très-brillantes de fer speculaire.* On a reconnu quelquefois dans ces mêmes protubérances, *des lames hexaèdres
blanchâtres de fer spathique, mêlees de cristaux octaèdres de fer, et de petites roses scarlatines de fer
spéculaire.* Un chandelier de laiton conservé dans le cabinet de Tompson, paraît avoir souffert la séparation du
zinc d'avec le cuivre. *On y voit beaucoup de cristaux de
blende transparens couleur de café ; beaucoup d'octaèdres de cuivre rouge, et de très-beaux cubes de
cuivre du rouge le plus vif.* Breislak, *Voyage dans la
Campanie*, tome I, pag. 281 et 283.

tendront à agrandir l'espace où il se trouve emprisonné, surtout si l'eau de cristallisation du calcaire vient lui fournir un ressort de plus par son extrême dilatation.

En cet état de choses, si la chaleur se ralentit par quelques circonstances particulières, et qu'elle parvienne à se dissiper graduellement, les molécules gazeuses se rapprochent les unes des autres, se combinent avec leurs bases et adoptent les formes particulières qui leur sont propres ; leur union intime est d'autant plus facile alors, qu'elles sont moins gênées dans un espace qui a acquis plus d'extension, de manière que l'intérieur des cellules servant de point d'appui aux cristaux, ceux-ci s'y fixent et s'y attachent comme dans l'intérieur d'une géode (1).

---

(1) Breislak, dans les détails instructifs qu'il a donnés sur les effets des laves qui ensevelirent les maisons de la *Torre-del-Greco*, s'exprime ainsi au sujet du calcaire enveloppé par les laves. « La pierre calcaire *s'est* » *toujours trouvée faisant effervescence avec les acides.* » Retirée de la lave, elle s'est quelquefois, après un » certain temps, crevassée et réduite en poussière ; d'autres » fois elle est devenue un peu farineuse, comme le marbre » flexible. La pierre calcaire renfermée dans les laves et » y conservant son acide carbonique, est un phénomène » digne d'attention, bien qu'il ne soit pas nouveau. Dans » les basaltes situés entre Rochemaure et Meysse, M. Faujas » a fait observer, à Saussure, des fragmens angulaires de

Cette théorie paraît d'autant plus dans l'ordre des faits, que les vides dont il est question sont isolés, et souvent formés au milieu des laves les plus compactes, ainsi que j'en donnerai des exemples en décrivant plusieurs de ces laves : de manière que si l'on en brise des morceaux, ou qu'on en fasse scier et polir des échantillons, on ne trouve aucune communication entre les géodes cellulaires ; ce qui exclut toute idée d'infiltration. D'ailleurs les belles expériences faites à Edimburgh par deux célèbres chimistes, MM. Hall et Kennedy, peuvent servir d'appui à ce que je viens d'énoncer; particulièrement celle sur le calcaire soumis à l'action d'un grand feu, dans des vaisseaux clos, sous la pression de l'air fortement comprimé.

L'on voit, par ce que je viens de dire, que je considère les laves amigdaloïdes à globules calcaires, à globules zéolithiques, calcédonieux, etc. comme appartenantes primordialement à des roches dont la base est presque toujours la même que celle des porphyres, et dont les globules, qui caractérisent une espèce du genre, tiennent à la formation première de ces roches *à base de trapp feld-spathique.*

J'ajoute que les volcans, en attaquant de sem-

» pierre calcaire compacte grise, que le feu ne paraissait » pas avoir altérés». Breislak, *Voyage dans la Campa-* » *nie,* tome I, page 279.

blables *roches amigdaloïdes*, qu'ils ont ramollies
et ont fait couler sous forme de laves compactes,
n'en ont altéré que faiblement les caractères ;
mais elles ont toutes reçu le cachet de la volcanisation, et sont devenues attirables à l'aimant,
lorsque les émanations acides n'ont pas oxidé
le fer qui est entré dans leur composition.

Il ne reste plus qu'à parler d'une substance
particulière qu'on trouve dans la pâte de quelques
amigdaloïdes, et qui par cette raison doit trouver
naturellement sa place ici, quoiqu'on la rencontre
aussi dans d'autres laves compactes qui n'appartiennent point à cette classe : c'est l'ancienne *chrysolithe des volcans*, *péridot* de Dolomieu. Cette
substance singulière, malgré ses rapports chimiques
avec le véritable péridot, dont nous ne connaissons point encore le gisement (1), a une sorte de
physionomie particulière (qu'on me pardonne
cette expression), ainsi qu'une disposition singulière au milieu des laves qui la renferment.
Les minéralogistes savent qu'on la trouve tantôt en grains séparés et dispersés dans la pâte

---

(1) Nous savons seulement que le péridot gemme,
décrit par Werner et analysé par M. Klaproth, avait
été envoyé à ces deux savans célèbres, *par M. John
Hawkins, qui en avait acheté pendant son voyage
dans le Levant.* Klaproth, *Mémoires de Chimie*, de la
trad. française, tome I, pag. 95.

de ces laves, tantôt en grains réunis qui forment des nœuds de la grosseur d'un œuf, et quelquefois même des rognons qui pèsent plusieurs livres.

Ces considérations, jointes à ce que, jusqu'à présent, on n'a point trouvé dans les montagnes, la roche naturelle et première qui a donné naissance aux laves à grains ou à rognons de péridot, et que cette dernière substance se montre non-seulement dans un grand nombre de volcans éteints et brûlans de l'ancien monde, mais encore dans ceux du même ordre qu'on a reconnus et observés dans le nouveau, me mettent dans le cas de suspendre mon opinion sur la parité absolue de ces deux substances, le péridot *gemme* et le péridot *des volcans*.

Cette dernière observation, qui est constante, et que Fortis avait faite avant moi, suppose donc une étendue immense où gît à une grande profondeur la roche qui a servi à produire les laves qui renferment les péridots dont il s'agit. Il semblerait donc que cette roche encore inconnue, forme une enveloppe, en quelque sorte générale, autour du globe, puisque les volcans de toutes les contrées de l'un et l'autre hémisphère l'ont mise au jour dans plusieurs de leurs éruptions.

Mais comme il est évident que la pâte de beaucoup de laves amigdaloïdes, à globules *calcaires*, à globules *zéolithiques* et à globules *calcédonieux*,

contiennent du péridot granuleux qui n'y a point
été infiltré après-coup, mais qui doit être considéré comme ayant formé dans cette circonstance un des principes constituans de la substance de ces laves ; j'ai dû nécessairement traiter
cette question difficile et délicate, dans les observations générales concernant les laves amigdaloïdes. Une double raison m'y engageait encore : car plus j'ai fait de recherches et d'efforts pour aplanir les difficultés que présentaient dans la méthode les péridots granuleux,
disséminés en si grande abondance dans les laves
absolument identiques avec celles des amygdaloïdes, plus j'éprouvais d'embarras ; parce que le
fil de l'analogie me manquait ici, personne n'ayant
reconnu encore une roche semblable en place
dans l'état naturel. L'on ne pouvait donc s'appuyer sur aucune induction résultant de son
gisement.

La base de ces laves à grains de péridot est la
même, il est vrai, que celle qui renferme les
amigdaloïdes à globules *calcaires*, à globules
zéolithiques, à globules *calcédonieux*, etc., et
cette base formant la partie dominante de ces
laves, peut bien servir de règle sur la nature de
la roche, qui rentre dans celle des trapps relativement à sa pâte. Ce fait établit déjà un rapprochement qui pourrait permettre de les placer
sur la même ligne; mais la forme constamment

granuleuse des péridots, leur disposition en nœuds,
en rognons irréguliers ou en grains sablonneux,
disséminés dans la lave, s'écarte un peu trop,
du moins quant aux formes, de celle qui sert à
caractériser en général les amigdaloïdes.

D'un autre côté, on trouve quelquefois les péridots des volcans, en rognons qui pèsent souvent plusieurs livres, dans des prismes basaltiques qu'on ne saurait assimiler à des amigdaloïdes. On serait moins fondé encore à placer les
laves riches en péridot, et dans lesquelles cette
substance est distribuée en grains semés d'une
manière assez uniforme, parmi les *laves porphyroïdes*, parce que le refus presque constant des
péridots volcaniques, de céder aux lois de la
cristallisation, semble les éloigner de cette classe
dans laquelle les feld-spaths, qui en forment le caractère distinctif, ont au contraire la plus forte
tendance à la cristallisation.

On ne peut pas non plus proposer de ranger
les laves à grains de péridot, parmi les *brèches
volcaniques à petits grains*, et encore moins les
considérer comme des corps infiltrés, puisque
tout concourt à prouver que leur formation est
contemporaine à celle de la pâte qui les renferme.

Cependant, comme on ne saurait, en dernière
analyse, se dispenser de leur allouer une
place, j'ai cru devoir donner la préférence à
celle qui s'écarterait le moins des rapports; et

comme la base de ces laves, je le répète, est la
même que celle des amigdaloïdes, j'en ai formé
un *appendice* qui vient immédiatement à la suite
de ces dernières, et qui renferme les principales
espèces ou variétés du péridot des volcans.

Ceux qui trouveront que cette place n'inter-
rompt point l'ordre naturel des rapports, et voudront l'adopter, la considéreront comme faisant
suite aux laves amigdaloïdes, dont elle ne sera
qu'une simple division. Ceux des minéralogistes,
au contraire, qui penseront différemment et voudront la séparer, reconnaîtront que je suis allé
au-devant de leurs désirs, et ils pourront dès-lors
regarder cet *appendice*, comme une sorte de section distincte, où j'ai réuni, dans un même cadre,
ce qui concerne l'histoire naturelle minéralogique
du *péridot des volcans.*

J'aurais voulu éviter au lecteur les longueurs
de cette discussion, si, dans un sujet difficile et
ingrat, j'avais pu me dispenser d'exposer et de balancer les motifs propres à déterminer une opinion. Je ne regrette point les peines qu'il a nécessairement fallu prendre pour y parvenir, parce
que mon but a été d'en éviter à ceux qui s'appli-
quent à cette partie de la minéralogie : on ne
saurait se dispenser de connaître à fond celle-ci,
si l'on veut s'occuper de géologie ; car sans cela
l'on s'exposerait incontestablement à tomber dans
les plus graves erreurs.

PREMIÈRE SECTION.

Laves amigdaloïdes à globules calcaires.

1. ————— *Lave amigdaloïde à globules calcaires
spathiques, d'un blanc legèrement jau-
nàtre, demi-transparens.*

Dans une lave noire, dure, compacte,
attirable, susceptible de recevoir le poli.
Il est à remarquer que les globules qui
n'excèdent pas dans cette lave la grosseur, en général, d'un pois, sont non-
seulement solides, mais qu'ils adhèrent dans leurs points de contact si intimément à la lave compacte qui en est remplie, qu'on ne saurait distinguer, même
à la loupe, le plus léger interstice, ou
solution de continuité ; la lave elle-
même est si serrée, son grain est si fin et
sa pâte si dénuée de pores, que ceux des
minéralogistes qui ont admis le système
des infiltrations dans les laves, seraient
forcés d'y renoncer en observant celle-ci,
qu'on trouve en grands blocs isolés, au
pied des premières rampes de la route en
amphithéâtre, tracée dans les laves,
qui conduit de *Saint-Jean-le-Noir*, au
cratère de *Mont-Brul*, dans l'ancien Vivarais.

J'en ai recueilli d'analogues à *Monte-
chio-Precalcino*, dans le Vicentin, vers
le haut d'un plateau volcanique, sur le

penchant duquel est située une maison
de campagne qui appartient à M. le
comte Joseph Marzari Pencati, très-bon
minéralogiste.

On en voit aussi de semblables à *Monte-
Tondo*, à peu de distance de la *Madona
di Monte*, à un mille de la ville de
Vicence, dans une lave compacte qui a
éprouvé un commencement d'altération.

2. ———— Id. *Avec des globules calcaires blancs,
spathiques, translucides, compactes,
recouverts a l'extérieur d'une sorte d'enduit luisant, très-léger, d'un brun rougeâtre sur quelques globules, d'un gris
d'acier sur d'autres, et qui parait être
le resultat du feu.*

Dans une lave noire, compacte, dure,
attirable, formée en prisme triangulaire.

Des environs de *Roche-Sauve*, dans
l'ancien Vivarais.

3. ———— Id. *Avec des globules calcaires blancs, de
forme lenticulaire, compactes, translucides sur les bords.*

Dans une lave noire, compacte, dure,
attirable, à pâte très-fine. Les plus gros
de ces globules comprimés n'excèdent
pas la grandeur d'une lentille ordinaire :
les autres, qui sont fort rapprochés les
uns des autres, sont très-petits, mais ils
ont tous la même forme.

Cette belle lave amigdaloïde se trouve
à l'île de l'Ascension : elle a été apportée

par M. de Berth, officier d'artillerie; et
je la tiens de la main de ce minéralogiste
habile.

4. ———— Id. *A globules calcaires sphériques blancs,*
compactes, réunis quelquefois au nom-
bre de deux, de trois et même de
quatre globules, quelquefois seuls dans
des cellules en partie vides, qui exis-
tent au milieu d'une lave compacte,
noire, dure et attirable.

De la vallée de Ronca, dans le territoire de Vérone.

Cette lave amigdaloïde est remarquable en ce que les cellules qui se
manifestent au milieu de la lave la plus
noire, la plus compacte et la plus dure,
offrent dans les cassures quelques globules qui les remplissent entièrement;
mais celles-ci sont peu communes, tandis que presque toutes les autres cellules,
qui sont nombreuses, ont des vides
cinq à six fois plus considérables que
les globules ronds qui y sont emprisonnés. Ce qui donne lieu de présumer
que l'action du feu, plus forte ou plus
long-temps soutenue, a pu décomposer
l'eau de cristallisation de la chaux carbonatée, ou gazifier quelques-uns des
corps qui s'y trouvaient unis ou mélangés, et occasioner par-là une plus
grande dilatation des pores, lorsque la
lave était dans un état de mollesse ou
de fluidité pâteuse. Les molécules cal-

caires se seront rapprochées ensuite,
lorsque l'action du feu en s'affaiblissant,
a cessé de les tenir en expension; et il
ne faut pas perdre de vue que cela devait s'opérer ainsi par la force de la
compression.

5. ———— *Lave amygdaloïde à globules sphériques,
calcaires, blancs, compactes, très-rapprochés les uns des autres, et occupant
tout l'espace dans lequel ils sont renfermés, au milieu d'une lave d'un brun
rougeâtre, dure, compacte, attirable.*

De la vallée de Rouca, dans le territoire de Vérone.

Les globules calcaires dont cette lave
est lardée de toute part, sont très-rapprochés les uns des autres: les plus considérables n'ont que deux lignes de diamètre
environ; les autres n'ont pas une ligne,
et ils sont si voisins entre eux qu'ils
paraissent se toucher. Le fond rougeâtre
de cette lave, en opposition avec la
blancheur des globules, lui donne un
faux aspect de porphyre rougeâtre à
grain de feld-spath blanc; mais il n'existe
pas dans cette lave amygdaloïde un
atome de feld-spath, et les globules se
dissolvent entièrement dans l'acide nitrique.

6. ———— *Lave amygdaloïde à petits globules parfaitement ronds, presque tous egaux;
dans une lave d'un gris foncé, compacte, attirable, renfermant beaucoup*

de grains de péridot des volcans, oxidé en jaune ocreux.

Du filon de lave qui coupe et qui traverse les bancs calcaires d'une caverne située à une demi-lieue de *Cruas*, dans l'ancien Vivarais , sur un escarpement connu sous le nom de *Quartier des Pères du désert.*

Cette lave amygdaloïde est remarquable, 1.° par l'égalité, la rondeur et la multitude des petits globules calcaires blancs, qui ressemblent à des semences de perles ; 2.° par l'oxidation presque complète du péridot ; 3.° par l'état de la lave elle - même , qui fait mouvoir non-seulement le barreau aimanté, mais qui conserve le même ton de couleur que si elle était intacte, et néanmoins on peut la couper avec un canif aussi facilement que si c'était une pierre argileuse, tendre , tandis que les globules calcaires n'ont éprouvé aucune altération. Ce phénomène rend cette lave très-curieuse.

7. ——————— Id. *Avec des globules blancs , d'arragonite radiée, translucide et brillante.*

De l'île de l'Ascension, dans une lave noire, compacte, dure, attirable. Ces globules, qui ne laissent ni vides ni interstices dans les places qu'ils occupent, ont une disposition dans leurs rayons qui imite celle d'un éventail ouvert.

On en trouve une semblable, mais

dont les globules sont beaucoup plus gros, au midi de la butte volcanique sur laquelle est situé le château de *Roche-Sauve*, en Vivarais.

8. ———— Id. *A globules blancs d'arragonite radiée, translucide, accompagnée d'amphibole en grains et en cristaux informes.*

Dans une lave compacte, d un noir brunâtre, des environs du pont de *Brame-Saume*, à une demi-lieue environ de *Baïs*, sur la route de *Chaumerac*, dans l'ancien Vivarais.

L'amphibole, qui est associé dans cette lave à l'arragonite, est d'un noir foncé très-brillant, et d'un éclat si vif qu'il paraît comme fondu sur la surface extérieure. J'ai dû faire mention de cette variété, à cause du mélange de l'amphibole et de l'arragonite.

9. ———— Id. *A globules d'arragonite radiée, et à grains irréguliers, très-multipliés, de la même substance blanche, translucide, mélangée à des grains de péridot volcanique jaunâtre.*

Dans une lave compacte de l'île de Bourbon, qui m'a été apportée par M. de Berth. Cette lave amygdaloïde est remarquable par l'association de l'*arragonite* et du *péridot* : ces deux substances y sont si abondamment répandues, particulièrement l'arragonite, qu'on peut les considérer comme étant entrées pour

32.

moitié dans la composition de cette belle lave.

*Laves amygdaloïdes avec des globules de zéolithe
(mésotipe de M. Haüy).*

ɪ. ——————— *Amygdaloïde à globules solides de zéolithe
d'un blanc satiné, qui offrent dans leurs
cassures des aiguilles très-fines et très-
adhérentes qui partent d'un centre et s'é-
panouissent en éventail.*

Dans une lave noire, compacte, dure,
attirable, qui renferme des grains d'amphibole noir, et se trouve au pied de la
troisième *Butte des Fontaines* , entre
Roche-Maure et Meysse, près du Rhône,
dans l'ancien Vivarais.

La même est dans une lave semblable,
mais sans amphibole, à l'ile de Staffa,
une des Hébrides, célèbre par la grotte
de Fingal. J'en ai recueilli moi-même
plusieurs échantillons, à peu de distance
de la partie méridionale de cette grotte,
mais la zéolithe n'y est plus si abondante.

A l'ile de *Mull*, une des plus considérables des Hébrides, les laves amygdaloïdes à globules zéolithiques y sont
si nombreuses, surtout du côté d'*Aros* ,
qu'on voyage pendant plus d'une lieue
sur une lave noire et compacte, dans
laquelle les globules zéolithiques sont si

multipliés qu'on peut considérer cette
substance comme formant au moins le
tiers du poids de la lave (1).

2. —————— Id. *A très-petits globules solides de zéolithe
d'un blanc d'ivoire, et des grains irréguliers presque microscopiques de la
même substance, si multipliés qu'ils
entrent au moins pour moitié dans la
composition de la lave qui les renferme.*

Cette lave, noire, dure, compacte,
attirable, est très-riche en amphibole
noir, qui paraît un peu vitrifié.

De la vallée de *Ronca*, dans le territoire de Vérone. On en trouve une
analogue dans celui de Rome; mais la
lave compacte est d'un noir moins foncé, et l'amphibole y est moins abondant. Celui-ci présente un fait remarquable, c'est qu'on en aperçoit des grains
très-distincts et d'une couleur noire très-
tranchante, qui sont engagés dans la pâte
même de la zéolithe.

5. —————— Id. *Avec une multitude de globules zéolithiques, blancs demi-transparens, dont
la grandeur n'excède guères celle d'un
grain de millet, et qui sont très-rapprochés les uns des autres et presque
tous egaux.*

Dans une lave d'un noir grisâtre, compacte, attirable, qui a de grands rapports

_____

(1) *Vid.* Voyage en Angleterre, en Ecosse et aux Hébrides, par
Faujas-Saint Fond, 1797, tome II, page 123.

avec la lave amygdaloïde décrite sous
le n.° 5 de la 1.re section, quant à la forme
et à la disposition des globules, mais qui
en diffère en ce que ces globules y sont
calcaires, tandis qu'ici ils sont zéolithiques.

Cette lave vient de *Montecchio-Mag-
giore*, dans le Vicentin, où je l'ai recueillie moi - même : c'est encore un
bel exemple contre la théorie des infiltrations (1).

On en trouve d'analogues à Lipari,
au Vésuve, aux monts Euganéens, etc.

TROISIÈME SECTION.

Lave amygdaloïde avec stilbite.

OBSERVATIONS.

Quoique la *stilbite* ne soit pas très-
éloignée, dans l'ordre des rapports, de la
zéolithe ou *mésotype* de M. Haüy, ce cé-

(1) Voici de quelle manière s'exprime Breislack, (Voyez les savantes
descriptions des produits du Vésuve, qu'il a publiées dans son Voyage
dans la Campanie, tome I, page 177): « J'invite les naturalistes à
« réfléchir sur la nature des substances qu'on dit infiltrées, sur celles
« qu'on prétend avoir subi l'infiltration, sur les circonstances locales
« et les phénomènes que présentent les parois des cavités dans les-
« quelles elles devraient avoir eu lieu : peut-être se convaincront-ils
« que ce mot *infiltration* a joué dans la minéralogie un rôle fort
« ressemblant à celui du phlogistique dans la chimie. La manière

lèbre minéralogiste reconnut entre ces
deux substances des caractères différen-
tiels assez marquans pour en former
deux espèces distinctes. Voy. tom. III.
pag. 161, du Traité de Minéralogie de
cet auteur, où ces caractères sont très-
bien développés.

Il est vrai que les trois terres qui entrent comme principes constituans de la
zéolithe, sont les mêmes que celles qui
ont servi à la formation de la *stilbite*. La silice, dans la *zéolithe*, y est
pour 50,24 pour cent, et la chaux pour
9,46 : dans la *stilbite*, la première
pour 52 et la seconde pour 9. La différence n'est pas bien grande, mais elle
est beaucoup plus marquante quant à
l'*alumine*, qui s'élève à 29,30 dans
la *zéolithe*, tandis qu'elle n'arrive qu'à
17 dans la *stilbite*; il en est de même
de l'eau, qui est dans celle-ci 17,5,
tandis qu'elle n'est que 10 dans la
zéolithe.

Tout roule donc sur des proportions
de quantité, principalement sur l'alu-

___

« dont la zéolithe est mêlée aux laves du mont *Somma*, du *Pa-*
« *douan* et des îles *de Lipari*, celle dont elle est répandue dans
« leur cavité, repousse toute idée d'infiltration..... Personne ne
« fait plus que moi profession d'une estime sentie des talens et des
« connaissances de Dolomieu, auquel je suis d'ailleurs personnelle-
« ment attaché par d'anciens rapports d'amitié ; mais après avoir
« long-temps suivi cette doctrine de l'infiltration, il m'a fallu l'a-
« bandonner. »

mine et l'eau. Cela peut-il suffire, di-
ront peut-être quelques personnes, pour
produire des carac ères de forme aussi
distincts, et pour enlever à la stilbite la
propriété de se réduire en gelée dans
les acides, comme la *zeolithe*?

On peut répondre que comme il ne
saurait exister d'effets sans cause, il faut
bien s'en tenir aux proportions de quantité, du moins jusqu'a ce que les chimistes parviennent à découvrir dans les
analyses de certaines pierres composées, quelques élémens fugaces qui se
volatilisent ou se décomposent par l'intermède du feu, ou par les différens réactifs
dont ils sont obligés de faire usage dans
leurs opérations. Il faut donc attendre de
la chimie, qui a déjà tant fait pour la minéralogie et pour les arts, de nouvelles
lumières bien nécessaires pour éclairer ce
point de fait, qui présente quelques difficultés, ainsi que celui bien plus difficile
encore, qui tient aux formes de l'*arra-
gon ue*, dans laquelle les analyses les
plus soigneusement faites par divers chimistes justement renommés, n'ont fait
reconnaître aucune différence entre cette
pierre et le spath calcaire le plus limpide
et le plus pur.

Et pourquoi la haute géométrie, qui
a déjà tant fait pour élever et agrandir
les conceptions de l'esprit humain, ne fe-
rait-elle pas aussi quelques efforts pour

arriver à la solu ion d'un problème qui
est de son domaine, puisqu'il s'agit de
formes, de mesures et de déterminations
précises de solides réguliers.

N'oublions pas que les sciences sont
sœurs, qu'elles doivent vivre en amies,
et que leur but le plus noble est de
guider, dans la route de la vérité, ceux
qui sont enrôlés sous leurs enseignes.

On distingue des stilbites de deux couleurs, les blanches et les rouges.

Mais une observation qui tient essentiellement au sujet qui nous occupe,
c'est-à-dire à la classification des productions volcan ques, est celle relative
au gisement des stilbites, et à la distinction exacte des substances minérales
dans lesquelles on les trouve, soit en
globules, soit en géodes, soit en petits
faisceaux cristallisés dans la masse ou dans
les fissures de certaines roches.

Beaucoup de naturalistes, sans en ex-
cepter Dolomieu, ont considéré les stilbites rouges de diverses parties du Tyrol, ainsi que celle d'Ædelfors en Suède,
comme volcaniques, parce qu'elles sont
dans une substance pierreuse noire, qui a
l'aspect extérieur d'une lave. Mais comme
il ne faut pas prêter des armes aux mi-
néralogues neptunistes, qui ne manqueraient pas de s'en servir dans cette occa-
sion pour combattre avec avantage les
vulcanistes à qui il serait échappé quel-

ques distractions , je dois prévenir ,

1.° Qu'ayant visité moi - même avec
beaucoup de soin le gisement des stilbites rouges de la vallée *des Zuccanti* et
celles des sommets élevés d'*il Traitto*,
dans la partie des montagnes du Vicentin
qui s'attachent à celles du Tyrol , je puis
assurer que ces belles stilbites de couleur rouge de brique , et quelquefois de
couleur rouge de corail, ne sont point
dans une lave , mais dans une roche porphyroïde altérée , plus ou moins noire, formée d'un mélange de petits cristaux de
feld-spath blanc ou jaunâtre , de globules
de spath calcaire blanc et translucide, et
de globules , et quelquefois de gros rognons de stilbite de la couleur ci-dessus
désignée. M. le comte Marzari , qui se
connaît en productions volcaniques, et
qui a parcouru avec beaucoup de fruit
l'Auvergne et le Vivarais , fit le voyage
de la vallée *des Zuccanti* et celui d'*il
Traitto* avec moi , et nous sommes de
la même opinion sur la nature de cette
roche , absolument étrangère aux volcans.

2.° On a cité également comme volcanique la stilbite rouge de *Fascha* ,
dans le haut Tyrol , à laquelle Dolomieu,
qui l'avait recueillie sur les lieux , avait
donné le nom de *faschaïthe* ; mais les
échantillons que je m'en suis procurés
appartiennent à une roche *porphyroïde*
des mieux caractérisées , où les cristaux

de feld-spath sont plus nombreux et mieux prononcés que ceux de la stilbite des *Zuccanti* et d'*il Traitto*. D'ailleurs M. Marzari, qui a visité *Fascha* depuis peu, n'y a rien trouvé de volcanique.

3.° Quant à la *stilbite* rouge d'Ædelfors en Suède, j'en ai de fort beaux morceaux dans ma collection. J'en ai fait couper et polir quelques-uns; la pâte noire et compacte qui la renferme, est la même que celle des porphyres, c'est-à-dire une roche feld-spathique trappéenne, que la pointe du canif raie assez facilement en une poussière d'un gris blanchâtre, et qui est remplie de gros grains irréguliers de stilbite rouge, et de grains de spath calcaire blanc, d'une forme et d'une grandeur semblables à ceux de la stilbite.

Voilà quatre stilbites rouges de différens lieux, qu'il faut selon moi éloigner du domaine des volcans.

4.° Il ne reste plus à ma connaissance qu'une stilbite rouge à examiner, celle de *Teïs*, près de Brixen, dans une autre partie du Tyrol. Dolomieu, qui m'en adressa dans le temps divers échantillons, les étiqueta, de sa main, *du volcan* de *Teïs*.

Cette stilbite est en globules compactes, plus ou moins réguliers, d'un rouge de brique très-vif. Ces globules présentent dans leurs cassures des lames

brillantes qui se réunissent en général
vers un centre commun. La pâte noire
qui les renferme est un peu plus dure
que celle des stilbites précédentes : elle
se laisse cependant rayer par la pointe
d'un canif en une poussière d'un gris
blanchâtre, mais moins facilement que
les autres ; sa dureté n'égale pas, il faut
en convenir, la lave compacte basaltique.

Le spath calcaire d'un blanc un peu
terne ne s'y présente pas en globules,
comme dans les stilbites de la vallée *des Zuccanti*, d'*il Traitto* et de
Fascha : il s'y trouve disséminé en
linéamens interposés entre la substance
de la pâte, de manière qne ce calcaire,
moins dur que le restant de la roche,
s'altère et se détruit à la longue sur
les faces les plus exposées à l'air; ce
qui donne à celle-ci un aspect rude à
l'œil et raboteux au tact, et la rapproche
jusqu'a un certain point d'une lave, du
moins quant à l'apparence.

On y distingue aussi de petits nœuds
irréguliers, verdâtres, semblables à de
la terre verte de Vérone, et quelquefois de gros rognons d'une substance
pierreuse, vert de porreau, très-dure, un
peu translucide sur les bords, inattaquable aux acides, infusible au chalumeau, où
elle perd sa couleur, et lardée d'une
multitude de petites taches irrégulières

formées par une matière noire, dure, brillante, comme si c'était des points d'amphibole, ou même d'obsidienne brillante. Mais il paraît que ce n'est ni l'un ni l'autre ; car tant la partie verte, que les points noirs, font mouvoir fortement le barreau aimanté, et lorsqu'on les réduit en poudre sans les trop diviser, les petits grains verts s'attachent au barreau ainsi que les noirs. Enfin, l'on voit de ces nœuds dont une partie à conservé son fond vert et ses points noirs ; tandis que l'autre a adopté, par une sorte d'oxidation qui n'a altéré ni son éclat ni sa dureté, une couleur d'un brun clair rougeâtre, tirant sur celle du cuivre rouge. On y voit encore quelques points verts qui ont échappé à l'oxidation : quant aux points noirs ils ont disparu. Je présume, d'après ces différens caractères extérieurs, que les rognons dont je viens de faire mention pourraient bien être composés de quartz mélangé de titane oxidé et de fer. Au surplus j'ai prié M. Vauquelin de vouloir bien se charger d'en faire l'analyse, que je publierai ailleurs lorsqu'elle sera terminée.

En attendant j'incline à ne pas considérer la stilbite de *Teïs*, comme se trouvant dans une substance volcanique, jusqu'à ce que nous puissions obtenir du moins des renseignemens bien circonstanciés sur la localité. M. Marzari, qui

a parcouru de nouveau le Tyrol autri-
chien et italien, avec autant de soin que
d'intelligence, en faisant mention dans
la dernière lettre qu'il m'écrivit d'Ins-
pruck, de plusieurs minéraux et des
nombreuses variétés de porphyres qu'il a
observées, ne dit pas un mot des produits
du feu ni des restes d'anciens volcans.
Au surplus, si le temps et de nouvelles
obs rvations apprennent que je me suis
trompé, j'en avertirai moi-même, et je
rectifierai mon erreur.

La stilbite blanche· est la plus commune, et l'on en trouve incontestablement dans quelques régions volcaniques ; mais avant d'en venir à la description de celle-ci, je dois dire qu'il
en existe aussi dans des roches d'ancienne
formation étrangère au feu, de jaune de
paille, de brune et de grise.

5.° M. Schreiber, ingénieur des mines
de France, découvrit, il y a plusieurs
années, de la stilbite jaune de paille
aux environs du bourg d'Oisans, dans
l'ancien Dauphiné.

6.° Il en a été trouvé à Andréas-Berg,
au Hartz, sur du spath calcaire : cette
stilbite est en cristaux dodécaèdres.

7.° Arendal, en Norwége, en a fourni
de la grise un peu bronzée.

Voilà donc sept espèces de stilbite
(ou du moins six, en laissant celle de *Teïs*
en réserve), qui appartiennent à des roches

absolument étrangères aux volcans; ce
qui prouve que la nature n'a pas été aussi
avare de cette substance dans la composition des anciennes montagnes granitiques ou porphyritiques, que de la zéolithe et de l'analcime, qui n'ont été encore reconnues que dans les laves et
autres produits volcaniques. Il est temps
que je passe à la description de l'amygdaloïde avec stilbite blanche; mais cette
discussion m'a paru nécessaire pour donner
quelques éclaircissemens sur une matière
qui présentait des difficultés, et qui n'a-
vait pas encore été suffisamment examinée
sous le point de vue des gisemens divers
qu'occupe cette substance : ce double mo-
tif excusera les longueurs de cet article.

1. ——— *Amygdaloïde à globules de stilbite blanche,*
nacrée dans une lave noire, compacte,
attirable.

De l'île de Feroë.

On trouve beaucoup de stilbites dans
cette île volcanique; mais elles sont en
général disposées en grandes géodes, intérieurement cristallisées, et rarement en
véritables amygdaloïdes.

2. ——— Id. *A globules de stilbite blanche nacrée,*
entourés d'une croûte de substance verte
un peu friable, qui a le plus grand rap-
port avec la terre verte de Brentonico,
dite Terre verte de Vérone : dans une
lave compacte d'un noir grisâtre, qui

paraît un peu oxidée, et qui par cette raison n'est point attirable.

De l'île de Feroë.

3. ———— Id. *Avec stilbite blanche radiée, sur des cristaux de spath calcaire, limpide :* dans une lave compacte noire, attirabble.

D'Islande.

4. ———— Id. *Avec stilbite blanche en rognons irréguliers, quelquefois mamelonés, compactes,* dans une lave altérée, presque terreuse de couleur fauve.

Des environs de *Donbarton,* en Ecosse.

Parmi le grand nombre de beaux échantillons de stilbite que j'ai dans mes collections, je n'ai reconnu cette substance que dans les produits volcaniques d'*Islande*, de l'île *de Feroë* et des *environs de Donbarton.*

Les laves de l'Auvergne, du Vivarais, du Velai ; celles de la Bohème, de la Hesse, du Vésuve, de l'Ehtna, des iles Ponces, celles de Lipari, de Stronboli, de Bourbon, de Ténériffe, de l'Ascension, etc., sont dépourvues de stilbite; du moins on n'en a point encore trouvé jusqu'à présent dans ces différens produits des incendies souterrains : la zéolithe, proprement dite, y est beaucoup moins rare.

TROISIEME SECTION.

Laves amygdaloïdes avec analcime.

La zéolithe et la stilbite, d'après les analyses de M. Vauquelin, ne renterment ni soude ni potasse ; l'analcime, au contraire, d'après le travail du même chimiste sur cette dernière substance, a fourni *dix pour cent de soude* (1). La forme primitive et la molécule intégrante de l'analcime est le cube : cette substance n'a encore été reconnue que parmi les produits des volcans; mais ces volcans se bornent, *au mont Ethna*, aux îles *Cyclopes*, où Dolomieu la découvrit le premier, et la désigna sous le nom de *zéolithe dure*. On en a trouvé aussi dans les environs de *Dunbarton*, en Ecosse, et à *Montéchio-Maggiore*, dans le Vicentin, où elle est ordinairement accompagnée de zéolithe et de spath calcaire limpide.

1. ———— *Amygdaloïde, avec analcime limpide, en globules irréguliers, en parties informes et quelquefois en cristaux triépointes. Dans une lave compacte d'un noir un peu grisâtre, att rable; de l'Ethna.*

(1) Annales du Muséum d'histoire naturelle, tome IX , pag. 249.

Tome II. 33

J'ai fait scier un très-beau morceau
de cette lave amygdaloïde, afin de pouvoir observer sa contexture intérieure,
et il est hors de doute que malgré que
celle-ci soit très-dure et n'offre point
de pores, elle est lardée néanmoins de
parties amorphes, et quelquefois globuleuses, d'analcime plus ou moins limpide; ce qui prouve que cette substance
n'y est point arrivée par infiltration,
mais qu'elle tient à la formation première de la roche qui est passée à l'état
de lave. Si l'on voulait objecter qu'on
y trouve quelques parties où les cristaux
triépointés sont bien prononcés et d'une
pâte limpide très-brillante, ce qui semblerait supposer qu'il existait un vide assez
grand pour permettre aux molécules de
s'y infiltrer et d'adopter une forme cristalline; je prie de faire attention que
je n'ai point nié l'existence de ces vides
qui ont eu lieu, dans certaines circonstances, au milieu des laves les plus compactes : mais j'ajoute que tout concourt à
prouver dans ce cas, que l'analcime
existant déjà en noyaux dans la roche
première avant que le feu la réduisît
en lave, ces noyaux fortement chauf-
fés par l'action long-temps soutenue
des feux souterrains, ont dû éprouver une dilatation propre à élargir la
place qu'ils occupaient, lorsque la matière qui les renferme se trouvait dans

un état de mollesse et de fusioɳ pâteuse, résultant de la même action, et agissant sous la pression de masses énormes.

2. ———— *Amygdaloïde à globules oblongs d'analcime demi - transparent ; dans une lave compacte, noire, fortement attirable; d'une des îles Cyclopes.*

Cette lave me fut envoyée par Dolomieu; l'échantillon que je rappelle ici, a un globule oblong qui, au lieu d'être compacte comme les autres, offre plusieurs cristaux d'analcime trapézoïdal.

3. ———— *Amydaloïde à globules blancs d'analcime compacte, dans une lave d'un noir grisâtre, un peu altérée.*

Cette lave en partie oxidée a été très-compacte et très-dure auparavant, ce que j'ai été à portée d'observer sur les lieux où l'on peut suivre ses divers degrés d'oxidation. C'est à Montechio-Maggiore, dans le Vicentin, que je l'ai recueillie. L'échantillon que je cite ici présente, outre les globules qui constituent l'amygdaloïde, quelques globules oblongs, formés en géodes, avec des cristaux demi - transparens, bien prononcés, brillans et de couleur isabelle, d'analcime trapézoïdal.

4. ———— *Analcime d'un blanc mat, opaque, en rognons creux, dans quelques-uns desquels on distingue des cristaux de la variété trapézoïdale.*

Dans une lave altérée des environs de

33.

Dunbarton, en Ecosse ; on la trouve aussi quelquefois dans une lave intacte.

5. ————— *Analcime en petits cristaux isolés dodé-caedres à faces trapézoïdales, demi-transparens, mais d'une teinte légere-ment lavee de gris; dans une lave d'un gris blanchâtre ressemblanté à du tri-poli, et penetrée de toute part d'une multitude de très-petits corps sphériques d'un gris plus foncé, opaques, mais un peu translucides sur les bords et rayant le verre, inattaquables aux aci-des et se fondant au chalumeau en verre transparent. C'est un analcime en petits grains sphériques, qui ressem-blent par la forme et la grandeur, à de la graine de senevé; quelques pe-tits cristaux blancs, demi-transparens, de spath calcaire, sont disséminés à côte des cristaux d'analcime, et des petits globules de la même substance.*

Cette singulière lave amygdaloïde, à cristaux et à globules d'analcime, mélangés de quelques petits cristaux de spath calcaire, a éprouvé un mode par-ticulier d'oxidation qui a altéré sa cou-leur, diminué sa pesanteur, détruit sa dureté, sans porter atteinte aux petits globules sphériques et aux cristaux d'a-nalcime, ni à ceux de spath calcaire qui y sont renfermés.

Je connais un exemple analogue, d'une lave compacte, noire, dure, basaltique, dont on peut suivre les divers degrés d'altération, entièrement convertie en substance ocreuse, rouge, douce au toucher et comme argileuse, tandis que les pyroxènes noirs et quelques globules de feld-spath qu'elle contient sont très-légèrement altérés. Je crois devoir rappeler ce fait, afin qu'on ne considère pas la lave altérée de l'Ethna, dont je viens de faire mention, comme une lave boueuse, et les globules ainsi que les cristaux d'analcime et de spath calcaire, comme déposés par infiltration dans les places qu'ils occupent. Cette lave altérée, ne fait point mouvoir le barreau aimanté, elle est inattaquable aux acides, et fond au chalumeau en un verre noir opaque.

QUATRIÈME SECTION.

Lave amygdaloïde avec sarcolithe.

OBSERVATIONS.

Thompson, que la mort a enlevé de trop bonne heure à l'histoire naturelle des volcans, et qui faisait depuis long-temps son séjour à Naples, trouva dans les laves de la *Somma*, au Vésuve, une substance pierreuse, demi-transparente, couleur de chair, rayant le verre, inattaquable aux acides. Il la considéra comme devant former une espèce nouvelle, et lui donna, en raison de sa couleur, le nom de *sarcolithe* (pierre couleur de chair), à l'exemple de M. Werner, qui appliqua celui de *leucithe* (pierre blanche) à l'*amphigène*, qui est tantôt gris, tantôt brun, tantôt rougeâtre, et qui n'est véritablement de couleur blanche que lorsqu'il commence à s'altérer. Je conserverai néanmoins le nom de *sarcolithe* par égard pour la mémoire de Thompson, mais abstraction faite du sens qu'il a voulu y attacher; et ne le considérant que comme un terme insignifiant en lui-même et propre à désigner cette substance.

Dans un séjour assez long que je fis à Vicence, j'allai visiter, avec M. le comte *Pietro-Bissari*, le volcan éteint de *Montechio-Maggiore*, le 19 du mois de novembre 1805 (1), dans l'inten-

_____

(1) Je ne cite ici cette date, que parce que dans le moment où cette feuille allait être portée à l'impression, le Journal des Mines, n.° 128, année 1807, m'est parvenu. J'y ai lu avec intérêt un Mémoire de M. Tonnellier, sur quelques produits volcaniques de Montechio-Maggiore, envoyés au Conseil des mines par mon ami, M. Marzzari. Il est dit, page 148 de ce Mémoire, en parlant de la sarcolithe de Thompson, que M. Vauquelin venait d'ana-

tion de voir ce volcan, dont parle Fortis dans ses Lettres géologiques sur le Vicentin. J'y reconnus la *sarcolithe*; et quoique cette substance n'y soit pas très-abondante, j'en rapportai de beaux échantillons, dont quelques uns ont deux pouces et demi de longueur, sur un pouce six lignes de largeur; ils sont disposés en rognons, et il y en a qui pèsent une once. On les trouve emprisonnés dans une lave poreuse amygdaloïde noire, quelquefois d'un noir grisâtre, dont les masses irrégulières ont été saisies pêle-mêle avec des blocs de lave compacte basaltique, par un tuffa volcanique boueux, qui a réuni et cimenté ces masses diverses, et en a formé une sorte de brèche volcanique à grand blocs.

J'eus le plaisir d'en offrir, à mon retour, quelques morceaux à mon célèbre et estimable confrère M. Haüy, qui reconnut l'analogie de cette substance avec celle de la *Somma* : mais il présumait déjà que la sarcolithe de Thompson, pourrait bien n'être qu'une simple variété d'analcime; et en effet les morceaux de sarcolithe compacte de Montechio-Maggiore, ont des cristaux

---

lyser la substance de couleur de chair, des laves de Montechio-Maggiore, *rapportée tout récemment* par M. Faujas. Il y a erreur, puisque je l'ai recueillie le 19 novembre 1805, et qu'elle fut envoyée à Paris en mars 1806; ce qui n'est pas si récent.

d'analcime existans au milieu même de la substance de la sarcolithe.

Ce fut dans l'intention de mettre la vérité dans tout son jour, que je priai mon confrère et mon ami M. Vauquelin de vouloir faire l'analyse de cette sarcolithe : il s'empressa de s'occuper de ce travail, avec l'attention et l'exactitude qui caractérisent ses analyses ; et il obtint pour produit les résultats suivans, qu'il compara à ceux de l'analcime.

Sarcolithe : Silice, 5o. Soude, 14 ½. Eau, 21. Chaux, 4 ½. Alumine, 20.
Analcime : Silice, 58. Soude, 10. Eau, 8 ½ Chaux, 2. Alumine, 18.

L'on voit que les mêmes principes constituans existent dans la sarcolithe, comme dans l'analcime : l'on verra bientôt qu'ils se trouvent aussi dans la chabasie. La différence n'est donc que dans les proportions ; mais M. Vauquelin pense, « que les propriétés physiques et chimiques des « minéraux, aussi bien que celles des corps or- « ganiques, *ne dépendent, pas seulement de* « *la nature des principes, mais aussi de leurs* « *proportions.* »

C'est d'après cette manière de voir, que cet habile chimiste a cru pouvoir embrasser une opinion contraire à celle du savant auteur du Traité de Minéralogie, et qu'il a conclu des analyses comparées de l'analcime et de la sarcolithe » *que cette dernière devait être placée*

« *comme espèce particulière* a côté de l'anal-
« cime, dans la section des pierres alkalini-
« fères (1). »

M. Haüy pense différemment, et croit qu'il est
très-probable que la sarcolithe de M. Thompson
n'est qu'une simple variété de l'analcime, due à
quelque substance accidentelle qui modifie sa
couleur. Or, si la sarcolithe de Montechio-
Maggiore est bien la même que celle de Thompson, il en résulte que celle-ci ne doit être considérée aussi que comme une variété de l'analcime, qui se rencontre dans un autre lieu, et
qui a une telle analogie avec elle qu'on trouve
des cristaux d'analcime dans la sarcolithe même.
L'analyse de celle de Montechio-Maggiore, par
M. Vauquelin, nous ayant fait connaître les produits de cette substance, il serait à désirer qu'on
pût les comparer à ceux de la pierre de Thompson : mais M. Haüy étant le seul qui en possède
quelques échantillons qui ressemblent beaucoup,
par les caractères extérieurs, à celle de Montec-
chio, en a trop peu pour les soumettre à l'analyse; il est bon, d'ailleurs, de les conserver
comme objets de comparaison dans une collection aussi précieuse que la sienne.

J'étais occupé à rédiger ces observations, lors-

_____

(1) Annales du Muséum d'histoire naturelle, tome IX
page 250.

qu'un incident qui touche de près à cette question,
est venu y semer un embarras de plus. Dolomieu,
qui avait été à Montechio - Maggiore et à Castel
long-temps avant moi, avait rapporté parmi les
beaux échantillons qu'il y recueillit en plusieurs
genres, et qui sont à présent dans la collection de
M. Dedrée, un bel échantillon d'amigdaloïde avec
des globules, d'un aspect et d'une couleur analogues à ceux de la sarcolithe; ces globules sont
nombreux et renfermés dans une lave compacte
noire. M. Léman, minéralogiste instruit, conser-
vateur du cabinet de M. Dedrée, ayant lu la
dissertation de M. Tonnellier, porta son attention sur cette lave amygdaloïde à globules rougeâtres. Il crut y reconnaître la sarcolithe, et il
aperçut dans un des globules deux cristaux hexaë-
dres, terminés par deux pyramides hexaèdres,
mais qui diffèrent de ceux du quartz, par l'incidence
des faces de la pyramide sur les pans du prisme;
cependant malgré sa ressemblance extérieure avec
la sarcolithe de Montechio - Maggiore, malgré
qu'on la trouve dans le même gisement que celle-ci,
et sous la même forme d'amygdaloïde, elle pourrait bien appartenir à une substance différente,
dans un lieu surtout où l'on trouve tant de mélangés divers. Ici l'analyse servira à répandre
quelque lumière sur ce sujet encore obscur : j'ai
invité M. Léman à remettre à M. Vauquelin, des
morceaux de cette pierre; et cet habile chimiste

s'empressera sans doute de nous faire connaître
les résultats qu'il obtiendra, et qu'on pourra comparer à ceux qu'il a déjà trouvé, dans la zéolithe,
la stilbite, l'analcime, la chabasie et la sarcolithe de Montechio. Mais pour former le complément de ces analyses, on aurait encore besoin
de celle de la sarcolithe de la Somma, et j'écrirai
incessamment pour m'en procurer, afin de remplir
cette lacune : je ne dois pas oublier de dire que
lorsqu'on veut soumettre à l'action du chalumeau,
la substance rougeâtre de l'amygdaloïde de Montechio et de Castel, trouvée par Dolomieu, elle se ré-
sout en une espèce de farine fine au premier coup
de feu, et part en pétillant, sans qu'il en reste
le moindre atôme à la pince; tandis que celle que
j'ai apportée du même lieu, et qui a été analysée
par M. Vauquelin, ne se comporte pas ainsi et
fond en verre blanc rempli de bulles.

Je sais qu'il faut s'abstenir, autant qu'on le
peut, de ne pas trop multiplier les espèces, et
je ne doute pas qu'à mesure que la minéralogie
avancera vers sa perfection, on ne s'efforce d'en
simplifier de plus en plus la marche, en la dé-
barrassant de plusieurs espèces qui ne seront peut-
être considérées alors que comme de simples variétés; il est à désirer sans doute que cela puisse
arriver, parce que nous nous rapprocherions par-là
de la marche de la nature, toujours simple dans
ses grandes comme dans ses moindres opérations,

et si nous les trouvons, ces opérations, souvent si difficiles et si compliquées, c'est que les principales données nous manquent, et que nous ne vivons pas assez long-temps pour en poursuivre la recherche.

Je reviens à mon sujet, en disant que je suspends mon opinion jusqu'à ce que les analyses, que les circonstances réclament, aient été terminées; mais comme je dois faire mention de la sarcolithe de Montechio, analysée par M. Vauquelin, puisqu'elle se trouve dans une lave amygdaloide, je la place provisoirement dans cette section, sans prononcer si elle forme une espèce ou une simple variété; mes recherches tenant plus à la géologie qu'à une classification purement minéralogique, les divisions que j'ai établies par sections sont suffisantes : j'attendrai donc que la difficulté ait été parfaitement éclaircie.

1. —————— *Lave amygdaloïde avec des globules et quelquefois des rognons irréguliers d'une substance pierreuse, faiblement colorée en rouge-pâle, qui parait être analogue à celle que Thompson trouva à la Somma, et à laquelle il donna le nom de* sarcolithe.

Dans une lave d'un noir grisâtre, dure, pesante, quoique poreuse; les globules rougeâtres se trouvent réunis dans le même morceau avec l'analcime, la zéolithe blanche, le spath calcaire cuboïde le plus limpide : de Montechio-Maggiore, dans le Vicentin. C'est ici la même substance rougeâtre qui a été analysée par M. Vauquelin, sous le nom de *sarcolithe du Vicentin.*

2. ——————— Id. *Avec zéolithe, analcime trapézoïdal, spath calcaire cuboïde, et une substance pierreuse demi - transparente, d'un aspect brillant, colorée en bleu clair, dont les nuances en s'affaiblissant passent au blanc dans quelques morceaux. Sa disposition génerale est laminaire, un peu divergente dans certains échantillons. La pesanteur spécifique est 3,861. Et la division mécanique donne des prismes droits rhomboïdaux de* 106°. *et* 75° *pour les incidences des pans.*

D'après ces caractères, M. Haüy ne balança pas à considérer cette substance comme une véritable *strontiane sulfatée,* avant même que l'analyse en eût fait connaître les produits : et ce savant minéralogiste avait parfaitement raison; car M. Berthier, ingénieur des mines, a confirmé cette vérité, en attaquant ce minéral avec les réactifs chimiques qui ont démontré ce fait (1). Voilà donc une nouvelle substance, la strontiane sulfatée, dans les laves de Montechio-Maggiore, déjà si riches en produits de diverses espèces.

_____

(1) Voyez les détails de cette analyse, faite avec beaucoup de soin, par M. Berthier, dans la Notice de M. Tonnellier, insérée dans le Journal des mines, page 147 n.° 128, 1807.

CINQUIÈME SECTION.

Laves amygdaloïdes avec chabasie.

OBSERVATIONS.

La chabasie est formée des mêmes principes constituans que l'analcime et la sarcolithe ; la différence n'est que dans les proportions, ainsi que le prouve l'analyse de la chabasie faite par M. Vauquelin (1).

Silice. . . . . 43, 33.
Alumine. . . . . 22, 66.
Chaux. . . . . 3, 34.
Soude mêlée de potasse. . . . 9, 34.
Eau. . . . . 21, 00.
                               99, 67.

La forme primitive de la chabasie, d'après M. Haüy, est le rhomboïde un peu obtus, dont l'angle, plan au sommet, est d'environ 93 deg. et demi, divisions nettes parallèles aux six faces, molécule intégrante. *Id.* (2).

La chabasie est transparente, quelquefois translucide, rayant faiblement le verre, fusible au

---

(1) Annales du Muséum d'histoire naturelle, tome IX, page 333.

(2) Traité de minéralogie, tome III, page 176.

chalumeau en une masse blanchâtre spongieuse : sa pesanteur spécifique est 2,7176.

On trouve la chabasie dans plusieurs pays volcanisés; mais elle existe aussi dans quelques contrées qui n'ont jamais éprouvé l'action des feux souterrains; ainsi les géodes à couches d'agate, qu'on tire des carrières de trapp, d'Alteberg, dans l'ancien Palatinat, à trois quarts de lieue d'Oberstein, renferment quelquefois sur les cristaux de quartz dont elles sont intérieurement tapissées, des cristaux de chabasie blanchâtre, de la variété trirhomboïdale, que Bosc d'Antic fit connaître le premier dans les Mémoires de la société d'histoire naturelle.

1. ———— *Amygdaloïde avec de la chabasie blanche, dans une lave poreuse, noire, pesante, avec de petites taches bleuâtres un peu mamelonnées, dues à du fer phosphaté.*
   Du Val di Noto, rapportée par Dolomieu.

2. ———— Id. *Dans une lave poreuse noire, qui renferme, de même que la précédente, quelques taches de fer phosphaté bleuâtre.*
   Des environs de Clermont, en Auvergne.

3. ———— Id. *En petits cristaux primitifs, dans les cavités globuleuses d'une lave noire, dure, pesante et compacte.*
   Du Pic de Ténériffe.

4. ———— Id. *En très-petits globules un peu déformés, avec des cristaux primitifs de chabasie*

blanche, qu'on ne peut distinguer qu'à l'aide de la loupe.

Dans une lave noire, pesante, avec de l'hornblende noire brillante, et une multitude de grains de péridot altérés et convertis en une matière terreuse d'un jaune ocreux, qui est le résultat de la décomposition de cette substance, dont on peut reconnaître encore quelques parties qui ont conservé la teinte de leur première couleur.

De Ténériffe, non loin de l'église de *Sancta - Maria d'Engracia :* elle m'a été apportée par M. Bory-Saint-Vincent.

5. ——————— Id. *En cristaux primitifs dans l'intérieur des globules creux, d'une lave compacte noire.*

De la baie de *Patrix - Fiorme,* en Islande : trouvée par M. Fremenville.

SIXIÈME SECTION.

Des laves amygdaloïdes à globules de quartz calcédonieux.

————————

OBSERVATIONS.

C'est dans les roches trappéennes voisines le plus souvent des porphyres, et passant elles-mêmes quelquefois à l'état de roche porphyroïde, qu'on trouve ordinairement, le gisement des quartz agates, des quartz calcédonieux, en globules solides ou creux, ou en géodes plus ou moins volumineuses. Je pourrais citer ici diverses localités pour appuyer ce que j'avance, telles que celle de la montagne du *Galgenberg*, à peu de distance d'Oberstein, dans l'ancien Palatinat ; celle du *Bosphore*, immédiatement après le village de *Buguk-Déré*, jusqu'a l'entrée de la Mer Noire, où les calcédoines, les agates et les jaspes, se tr ouvent dans un gisement semblable, etc. Rien n'est volcanique dans ces contrées.

Mais si dans quelques circonstances particulières, les feux souterrains exerçaient leur action sur des roches analogues à celles-ci et gisant à une certaine profondeur dans le sein de la terre, il en résulterait, relativement aux calcédoines, ce qui a eu lieu pour les amygdaloides à globules calcaires, à globules zéolithiques et autres ; c'est-à-dire que la pâte de la roche passerait à l'état de lave, sans que les calcédoines, les agates et autres corps qui s'y trouveraient renfermés fussent altérés, ainsi que nous l'avons déjà exposé, en faisant mention de l'action du feu agissant sous le poids d'une forte compression.

Les amygdaloïdes à globules de quartz calcédonieux, ne sont pas aussi communes que pourraient le croire ceux qui n'ont pas été à portée de visiter les lieux où on les trouve, et qui ne se sont pas occupés de la recherche de ces pierres. Celles qui renferment de l'eau sont extrêmement rares, surtout si la pâte en est belle, bien compacte et imperméable, c'est-à-dire que l'eau ne puisse

en sortir, ni s'évaporer, par quelque issue im-
perceptible à l'œil, surtout lorsqu'elles ont recu
le poli.

Les anciens qui les connaissaient les rangeaient
parmi les pierres précieuses; aussi Claudien les
a célébrés dans plusieurs épigrammes plus ingé-
nieuses que savantes. Voici la traduction de la
partie d'une de ces épigrammes qui traite directement de ces enhydres; je l'ai rendue le plus
littéralement que j'ai pu, ainsi qu'on le verra
par les vers latins que j'ai mis en note (1).

«Nymphes qui couvrez d'autres nymphes avec
«un corps d'origine commune, vous qui êtes à
«présent de l'eau, vous qui en avez été, quel est
«la main qui vous a réunies ? Par quel effet du
«froid, ce caillou, qui tient du prodige, est-il
«solide et liquide en même temps? »

C'est bien de nos *enhydres* que Claudien a
voulu parler, puisqu'il s'exprime de la manière
suivante sur le même objet, dans une autre épi-
gramme, dont voici la traduction (2).

»Ne dédaignez pas cette pierre globuleuse qui

---

(1) Nymphæ quæ tegitis cognato corpore nymphas,
    Quæque nunc estis, quæque fuistis aquæ;
  Quod vos ingenium junxit! qua frigoris arte
    Torpuit et maduit prodigiosa silex.
(2) Marmoreum ne sperne globum; spectacula transit
    Regia, nec Rubro vilior iste mari.

« surpasse les curiosités royales, et ne vaut pas moins
« que les perles du Golfe Arabique. C'est un glaçon
« informe, une pierre grossière, sans grâce pour
« la forme, mais elle a sa place parmi les objets
« rares. »

J'ai visité plusieurs fois, et avec le plus de soin
qu'il m'a été possible, les lieux divers du Vicentin où l'on trouve des amygdaloïdes à globules
de calcédoine, auxquelles on donne dans le pays
la dénomination impropre d'*opales*.

1.° Le mont *Bérico*, au pied duquel la ville
de Vicence est bâtie, est remarquable en ce
qu'on trouve à mi-côte de sa croupe, la butte volcanique de *Monte-Tondo* (montagne ronde),
formée en partie de laves compactes noires, dures,
attirables, et en partie des mêmes laves qui sont
dans un état de décomposition très-avancé,
et quelquefois même terreuses, C'est à peu de
distance de l'église de la *Madona di Monte*, et
tout à côté de la route qui descend vers Saint-
Sébastien, qu'on aperçoit sur la droite un petit

Informis glacies, saxum rude, nulla figuræ
Gratia, sed raras inter habetur opes.
CLAUD. épigr. XX.ᵉ

Fortis, dans sa *Géologie du Vicentin*, a donné une traduction
de ces mêmes vers; mais comme la langue française ne lui était
pas aussi familière que l'italienne, qui était sa langue et qu'il
possédait parfaitement, j'ai cru devoir traduire de nouveau ces
deux épigrammes.

34*

escarpement de lave amygdaloïde, lardée de
toute part d'une multitude de globules calcaires, les uns de la grosseur d'un pois, les autres,
trois ou quatre fois plus considérables, parmi lesquels on trouve quelques globules calcédonieux;
c'est-là qu'on en a recueilli anciennement de
très-beaux. La lave décomposée n'est pas dure;
mais il faut obtenir, avec raison, la permission du
propriétaire pour faire fouiller. Le sol, planté
en vigne au-dessus du plateau, et particulièrement la partie inclinée, renferment des filons de
lave plus abondans en calcédoine; Fortis, qui
avait fait beaucoup de recherches dans ce lieu,
avait trouvé à peu de distance d'un petit *casino*
qui sert de logement à un fermier, quelques
calcédoines avec de l'eau. J'en possède une qui
est peut-être la plus belle connue; je la tiens de
son amitié, il y a dix ans qu'il me l'apporta à
Paris: elle a toujours conservé son eau, et la pâte
en est superbe.

C'est particulièrement dans les laves décomposées qu'on a la facilité de recueillir les plus belles
calcédoines. La raison en est simple, c'est qu'elles
sortent facilement de leur gangue, et qu'on peut
les présenter à la lumière pour s'assurer si elles
renferment quelques gouttes d'eau; car toutes
celles qui sont dans la lave dure, ne pouvant
être séparées qu'à coups de marteau, se brisent
presque toujours, et perdent toute leur valeur

en perdant leur eau. Il est même extrêmement rare de pouvoir obtenir des globules de calcédoine dans la lave dure, sans les briser, soit en détachant les morceaux de lave de la masse, soit en façonnant les échantillons destinés pour les cabinets. Je n'ai jamais pu obtenir que quatre morceaux en ce genre, après avoir pris beaucoup de peine et brisé infructueusement beaucoup de pierres.

Comme le propriétaire de *Monte - Tondo* ne donne que très-difficilement des permissions de faire fouiller dans son sol, les enhydres de ce lieu deviennent de jour en jour plus rares.

2.° J'ai trouvé quelques calcédoines à *Brendola;* mais aucune n'avait de l'eau : cependant d'autres personnes y en ont recueilli quelques-unes qui en contenaient. Je fis l'acquisition d'une sur les lieux, qui a conservé son eau. *Brendola* est une montagne opposée à Montechio-Maggiore, et qui lui fait face : c'est à peu de distance de la maison du curé qu'on trouve les calcédoines, dans une lave qui se décompose ; mais en général elles sont très-rares à Brendola.

3.° Le mont *Maïn*, dans le district d'*Arzignano*, remarquable par ses divers produits volcaniques, l'est aussi par les globules quartzeux et calcédonieux qu'on y rencontre quelquefois avec de l'eau, et qui présentent des accidens particuliers que je n'ai point vus autre part. Ainsi l'on trouve au Maïn, par exemple, dans quelques-unes des laves compactes, qui s'exfolient en se décomposant,

1.° Des globules calcédonieux, les uns compactes, les autres renfermant de l'eau, dont l'extérieur est environné d'une couche légère, d'une substance noire, pulvérulente, d'une grande ténuité, qui tache les doigts comme si c'était de la suie, et qui a beaucoup de rapport avec de l'oxide de manganèse, mais qui est en trop petite quantité pour être analysée. C'est particulièrement dans les laves décomposées qui sont vers le bas du mont Maïn, qu'on trouve ces globules calcédonieux.

2.° Les mêmes laves renferment des globules dont l'enveloppe extérieure n'est formée que d'une couche mince et raboteuse de substance calcédonieuse, hérissée intérieurement d'une multitude de petits cristaux de quartz limpide. Celles-ci sont *enhydres* ; mais quelque attention qu'on puisse apporter en les polissant, dès qu'on atteint la base des cristaux, l'eau s'évapore et se perd.

3.° On trouve aussi au Maïn quelques calcédoines globuleuses, d'un blanc laiteux, d'une pâte très-fine, légèrement bleuâtre, qui reçoivent le plus beau poli, mais qui sont entièrement compactes: elles renferment des aiguilles de zéolithe blan-

che, disposées en aiguilles creuses et divergentes,
dans la substance calcédonieuse.

Les belles enhydres sont en général très-rares
au *Mont-Maïn* comme au *Mont-Berico.*

4.° Du côté de *Bregenze* et sur la montagne volcanique de *Montechio - Precalcino*, à mi-côte de
laquelle M. Marzzari a une habitation et de belles
possessions; on voit une carrière ouverte dans les
laves basaltiques, dite la *Pétrara*, ou l'on trouve des
globules solides de belle calcédoine un peu bleuâtre, dont quelques-uns renferment de la zéolithe
blanche radiée; mais je n'en ai point trouvé d'*enhydres.* Je visitai une seconde carrière ouverte dans
la lave à un demi-quart de lieue au-dessus de la maison de M. Marzzari, à côté d'un petit bois, et je me
procurai quelques échantillons de cette lave avec
des globules de calcédoine, à côté desquels se
trouvaient d'autres globules d'apparence calcédonieuse, un peu azurés et d'une fort belle pâte;
mais ceux-ci sont calcaires et font effervescence
avec les acides: on peut les considérer comme formés par une belle espèce d'arragonite bleuâtre
qui a l'aspect onctueux et brillant des calcédoines.

5.° La montagne volcanique de *San-Floriano*,
entre *Marostica* et *Bassano*, dans un espace
qui porte le nom du vallon *des Serpens*, renferme aussi quelques *enhydres* calcédonieuses. Je
n'ai point visité ce dernier lieu, mais j'ai vu à

Vicence, dans la collection de M. le *comte Tienné* le jeune, qui n'est pas bien nombreuse, mais qui est arrangée avec beaucoup d'ordre, des *enhydres* qui avaient été recueillies dans le vallon *des Serpens*. Ce naturaliste, qui joint à beaucoup d'instruction une grande modestie, voulut bien me donner une de ces *enhydres*, que je conserve comme un témoignage de sa complaisance. J'en vis aussi quelques-unes dans le cabinet du docteur *Scortigagna*, de Lonigo, savant estimable, qui a formé un fort beau cabinet des productions du Vicentin et de diverses autres parties de l'Italie.

Comme ce n'est que dans les anciens volcans du Vicentin qu'on a reconnu jusqu'à présent des enhydres calcédonieuses, j'ai cru qu'une notice exacte sur leurs gisemens pourrait intéresser les naturalistes, particulièrement ceux qui sont dans le cas de voyager (1). Il est probable que Pline, qui fait mention des enhydres et les a parfaitement décrites, a connu celles du Vicentin; car on sait qu'il était de Véronne, dont le territoire confine celui du Vicentin (2).

_____

(1) J'ai vu cependant à Paris, il y a dix-huit ans, une belle calcédoine *enhydre* qui contenait beaucoup d'eau ; la personne qui voulait la vendre, et qui en demandait un prix exorbitant, me la présenta, et me dit qu'elle avait été trouvée à l'île de Férœ, où l'on m'a assuré depuis qu'on en découvrait quelquefois.

(2) *Enhydros semper rotunditatis absolutæ, in candore*

« L'*enhydre*, dit ce célèbre historien de la
« nature, *toujours parfaitement ronde, blanche*
« *lorsqu'elle est polie, a, lorsqu'on la remue,*
« *un mouvement intérieur de fluctuation, sem-*
« *blable à celui du liquide qui se meut dans les*
« *œufs.*

1. —————— *Calcédoine enhydre à pâte fine, brillante et*
limpide, ayant reçu le plus beau poli, de
la grosseur et de la forme d'une petite
noix muscade, renfermant une grosse
goutte d'eau très-mobile, qui a plus de
douze lignes de circonférence, y compris
l'air qu'elle déplace.

Elle fut trouvée à *Monte - Tondo*,
près de Vicence, il y a plus de dix ans,
au milieu du filon de la lave amygdaloïde
décomposée, qui coupe en divers sens le
Mont-Berico; et depuis cette époque
elle a toujours conservé son eau. Elle
existe dans mon cabinet.

2. —————— *Calcédoine enhydre, de forme ovale, de la*
grosseur d'une olive, à pâte fine, limpide
et brillante, avec une grosse goutte d'eau
qu'elle conserve depuis cinq ans.

De Monte-Galda, dans le Vicentin,
trouvée au milieu d'une lave compacte
altérée.

———————————————

est lævis, sed ad motum fluctuat intus in ea, velut in ovis
liquor. PLIN. Hist. nat. lib. *XXXVII*, cap. *XI.*

5. ———— Id. *De forme ovale, d'un pouce quatre lignes*
de longueur sur sept lignes de large, qui
est dans son état naturel et n'a point été
polie : elle est malgré cela d'une si belle
pâte, qu'on voit d'une manière très-dis-
tincte la goutte d'eau ovale qui est placée
dans le milieu.

Elle vient de *San - Floriano*, entre
Marostica et Bassano, et a été tirée de
la lave altérée du vallon *des Serpens.* Je
la tiens des bontés de M. le comte
Tienné le jeune, de Vicence.

Ces trois belles calcédoines *enhydres*
existent dans mon cabinet : elles n'ont
jamais été plongées dans l'eau, j'ai attention seulement de les garantir de la
gelée

4. ———— *Calcédoine globuleuse, solide, c'est-à-dire*
sans vide, à pâte fine, un peu azurée,
renfermant dans la substance même de la
calcédoine, de la zéolithe radiée, dont
les petites aiguilles distinctes et séparées
s'épanouissent en éventail, ou forment des
faisceaux ; ce qui produit, lorsque la pierre
est polie, un mode particulier d'herbo-
risation, d'autant plus singulier que la
couleur blanche de la zéolithe se dessine
très-bien sur le fond transparent et légè-
rement azuré de la calcédoine.

Dans la lave compacte, amygdaloïde,
décomposée, du bas de la montagne volcanique du *Mont-Main*, dans le Vicentin.
Je possède une seconde calcédoine globu-

leuse analogue à celle-ci, trouvée au même
lieu, mais dont la pâte n'est point azurée.
J'en ai une troisième qui vient de *Monte-
Galda* ; je l'ai fait scier par le milieu
pour mettre à nu la substance zéolithique, qui est mêlée avec de l'oxide de
fer provenu, selon toutes les apparences,
de la décomposition de quelques aiguilles
pyriteuses accolées à celles de la zéolithe : on ne saurait douter que ces cris-
tallisations n'aient été contemporaines à la
formation de la calcédoine, et c'est encore un fait de plus contre les infiltrations
dans les amygdaloïdes.

5. ———————— *Calcédoine globuleuse, de forme ovale, d'un
blanc nacré, brillante, demi-transparente,
dont l'aspect a quelques rapports avec l'o-
pale blanche commune, presque entièrement solide, à l'exception d'un très-petit
vide dans le centre, qui ne contient point
d'eau.*

Il est à croire que la couleur et le
reflet un peu opalin de cette variété de
calcédoine, a valu indistinctement à
toutes les calcédoines globuleuses, enhydres ou non, le nom impropre d'*o-
pales*, qu'elles portent dans le pays où
on les trouve, et généralement dans
tout le Vicentin.

Je ne sais si ces calcédoines blanches,
couleur de perle, ont été plus communes autrefois ; mais je sais que pré-
sentement elles sont très-rares : je n'ai

pu m'en procurer que trois; une que
j'ai trouvée moi-même à *Monte-Galda*,
les deux autres, dont je fis l'acquisition
à Venise, mais qui venaient du même
lieu.

6. —————— *Géode globuliforme , quartzeuse , à croute
calcédonieuse mince, et souvent couverte
d'une espèce d'enduit noir , pulvéru-
lent et qui tache les doigts comme de la
suie : l'intérieur est presque entièrement rempli de petits cristaux de quartz limpide,
confusément rapprochés les uns des autres ,
mais peu adhérens et dont la base porte
contre la partie intérieure de l'enveloppe
calcédonieuse. Quelques-unes de ces géodes
sont enhydres , mais la plupart ne le sont
pas.*

Se trouvent dans la lave décomposée
du *Mont-Main* , ainsi qu'à *Monte-
Tondo* et à *Monte-Galda.* Il est bon
de prévenir que l'expérience a appris
que toutes les fois que les globules dont
il s'agit renferment de l'eau, et que
l'enveloppe calcédonieuse n'a pas une
certaine épaisseur, ce qui arrive le plus
souvent, dans ce cas il est presque impossible d'empêcher que l'eau ne se
perde, quelque attention que puisse
apporter le lapidaire qui décroute ces
pierres pour les polir; parce que aussitôt que la roue a atteint la base des
cristaux, l'eau s'échappe par les petites
fissures déterminées par les formes po-

lièdres des plans de ces cristaux : souvent
même la géode s'écroule et tombe en une
multitude de petits fragmens.

7. —————— *Lave amygdaloïde formée de globules solides,
composés en partie de ma ière calcédo-
nieuse et de substance zéolithique, compacte et d'un blanc satiné ; de globules
calcaires spathiques, et de globules quartzeux, réunis dans le même morceau de
lave.*

J'ai déjà fait observer que les enhydres et autres globules calcédonieux
ne peuvent être ordinairement dans un
bel état de conservation, que dans les
laves décomposées qui se réduisent en
matières terreuses. La raison en est
simple ; c'est qu'on peut de cette manière
fouiller en quelque sorte sans peine dans
l'intérieur des masses altérées, pour y
recueillir les globules qui s'en détachent
facilement : ce qui serait bien différent si
la lave était compacte et dure, car l'on
en briserait alors la plus grande partie.

Cependant, comme il m'a paru nécessaire d'en obtenir quelques-unes dans
leur gangue, afin de pouvoir faire observer à ceux qui ne sont pas à portée
de visiter les lieux, quelle est la nature de la pierre qui constitue cette
espèce d'amygdaloïde, j'ai pris beaucoup
de peine pour obtenir de pareils échantillons, qu'on voit assez rarement dans
les collections, et il m'a fallu rompre

beaucoup de blocs de lave pour me procurer quelques échantillons tels que je
les désirais, parce que les coups de
marteau qu'on est obligé de donner et
de répéter souvent, brisent les globules
ou les font sortir de leur place J'ai pu
cependant, avec de la patience et de la
constance, me procurer quatre échantillons en ce genre, dont celui décrit ci-
dessus est le plus remarquable par le
nombre des globules et la diversité des
substances qui forment cette amygdaloïde.

De *Montechio-Maggiore* : j'ai trouvé
les trois autres à *Monte-Tondo*.

Des substances calcédonieuses et quartzeuses dues à des
infiltrations.

Dans une classification où il s'agit de
mettre en ordre une si grande diversité
de substances minérales, rejetées par les
volcans dans un état de bouleversement
et de confusion, il a fallu nécessairement
s'attacher à tout ce qu'il y a de plus
simple pour faciliter l'étude locale, et
en même temps de plus commode pour
aider à la disposition et à l'arrangement
des collections en ce genre.

Après m'être occupé long-temps de
ce travail, j'ai vu que la marche la plus
convenable pour arriver à ce but était
celle de rapprocher, autant qu'il est possible, les substances minérales les plus

analogues, afin de les présenter dans
un même tableau, où l'on séparerait par
des divisions celles dont le mode d'organisation pourrait tenir à un système
de formation différent, mais toujours
relatif a la minéralogie des feux souterrains.

C'est ainsi, par exemple, qu'en traitant dans la section ci-dessus des amygdaloïdes à globules de calcédoine qu'on
trouve dans certaines laves compactes,
j'ai considéré ces calcédoines non comme
infiltrées, mais comme formées simultanément avec la pâte qui les renferme,
avant l'époque où les volcans ont exercé
leur action sur les roches amygdaloïdes
qui ont donné naissance à ces laves.

Mais si cette opinion me paraît démon-
trée, il m'est prouvé de même que, dans
d'autres circonstances, l'eau élevée à un
très-haut degré de chaleur, et animée
peut-être par l'action de quelques gaz, a
dissous la terre siliceuse et l'a déposée,
sous forme de géodes, de mamelons, de
réseaux calcédonieux. ou de petits cristaux quartzeux, dans les fissures, dans
les plis ou dans les cavités de quelques
laves; les productions que je connais
jusqu'à présent en ce genre, sont :

1.° *Calcédoine infiltrée sur une lave por-*
phyritique d'Islande ; entièrement recou-
verte, sur une de ses faces, de gros ma-

*melons d'une belle calcédoine blanche,
demi-transparente.*

L'échantillon qui me sert ici de type,
a cinq pouces de longueur sur quatre de
largeur; il fait partie de ma collection.
J'en fis l'acquisition à la vente du cabinet
de M. le duc de la Rochefoucault, à
qui M. Ogier, ambassadeur de France
en Danemarck, l'avait envoyé dans le
temps. Ce morceau est d'autant plus remarquable que la lave sur une des
faces de laquelle la calcédoine mamelonnée est attachée, est porphyritique,
c'est-à-dire qu'elle est formée d'une pâte
trappéenne devenue en partie poreuse,
dans laquelle les cristaux de feld-spath, en
parallélipipèdes, ont conservé leur forme
et leur couleur blanche : et ce qu'il y a
de plus remarquable dans cette lave,
c'est qu'une multitude de globules de
calcédoine, dont plusieurs ont trois lignes de diamètre et quelquefois plus,
existent dans l'intérieur même de la pâte
de la lave, à côté des cristaux de feld-
spath; et leur disposition est telle, qu'on
ne saurait admettre qu'ils y aient été
déposés par infiltration, car on voit qu'ils
tiennent à la formation première de la
roche porphyritique qui a donné naissance à cette rare variété de lave. Au
surplus, les minéralogistes n'ignorent pas
que l'observation a fourni un exemple

analogue, dans une belle variété de porphyre vert, dit *serpentin antique*, qui renferme aussi des globules de calcédoine blanche demi-transparente, à côté des cristaux de feld-spath, et dans la pâte la plus compacte de ce porphyre. Il est à présumer que la calcédoine qui recouvre une des faces de l'échantillon de la lave porphyritique dont il s'agit, est due à la matière qui s'y trouvait déjà renfermée en globules, et que l'action de l'eau incandescente et celle des gaz l'ont déplacée et déposée dans les fissures de la lave.

On en trouve de semblables à l'île de Féroë.

2. *Calcédoines lenticulaires et en gouttes, avec quartz cristallisé calcédonieux, sur un tuffa volcanique gris, du Pont-du-Château et de Crouelle, en Auvergne.*

Ces calcédoines, qui sont en général d'une belle eau, sont accompagnées ordinairement de cristaux de quartz groupés en rose, ayant une teinte calcédonieuse et un aspect laiteux ; il y en a même quelques-uns tellement imprégnés de substance calcédonieuse, qu'ils ont perdu presqu'entièrement leur transparence. On voit cependant sur certains échantillons quelques cristaux de quartz très-purs et très-limpides contrastant avec les autres par leur éclat, et paraissant d'autant plus brillans qu'ils sont

souvent entourrés de poix minérale très-
noire, qui suinte à travers le *tuffa* volcanique sur lequel les calcédoines et
les cristaux de quartz sont attachés.

On trouve sur une lave poreuse, pesante, rougeâtre, du plateau du volcan
éteint du *Puy-de-Coran*, en Auvergne,
non loin de l'Allier, de légers dépôts
calcédonieux blancs et brillans qui recouvrent la superficie de cette lave
dans quelques places. M. Lacoste, de
Plaisance, en faisant mention des roches
volcaniques tuffeuses du Cantal, dit
*qu'on y trouve, mais très-rarement,
de la calcédoine dans leurs scissures,
et qu'elle y est presque toujours plus
ou moins décomposée ; tandis qu'il n'en
est pas ainsi dans les roches de Crouelle
et du Pont-du-Château, où nulle altération ne se fait remarquer* (1). Ces
faits sont exacts; mais lorsque ce labo-
rieux minéralogiste nous dit quelques pages plus bas, qu'*il n'est pas étonnant que
les calcédoines ne se trouvent en Auvergne que parmi les produits volcaniques, parce qu'il est vraisemblable
que la calcédoine est elle-même un produit volcanique* (2), la vérité exige
qu'on lui réponde qu'il est *plus vraisem-*

(1) Lettres minéralogiques et géologiques sur les volcans de l'Auvergne, écrites dans un Voyage fait en 1804, par M. Lacoste, de
Plaisance. Clermont, 1805, pag. 287.

(a) Même ouvrage, pag. 291.

blable encore qu'il commet une erreur;
car il est très-certain qu'on trouve de
très-belles calcédoines dans des lieux
qui sont absolument étrangers aux volcans, tels que dans les environs d'*Oberstein*, dans l'ancien Palatinat; que les environs du Bosphore, vers l'embouchure
de la mer Noire, en renferment ainsi que
tant d'autres lieux éloignés des volcans
que je pourrais rappeler ici si la chose
étoit nécessaire.

3.° *Calcédoine en gouttes brillantes,
quelquefois aussi transparentes que
le verre le plus pur, d'autrefois nacrées sur la surface, et imitant les
perles; sur une lave poreuse rouge des
environs de Francfort, sur le Mein,
et sur une lave compacte altérée, grisâtre, des environs de la même ville.
C'est le Muller glas des Allemands.*

L'on doit la première découverte de
cette calcédoine au *docteur Muller*,
naturaliste estimable, mort dans un âge
très-avancé, à Francfort. J'eus l'avantage de m'entretenir long-temps avec lui
un an avant sa mort; il m'accueillit
avec une grande bonté et me dit, avec
une intime conviction : *J'ai les plus
grandes obligations à l'histoire naturelle ; elle charme mes derniers mo-
mens, et le poids de quatre-vingt-
quinze ans, n'en affaiblit point les
attraits. On jouit toujours avec elle;*

35 *

on est sans reproche ; on ne meurt point, on s'endort paisiblement pour toujours. Il mourut en effet de cette manière un an après. La calcédoine qu'il découvrit était si limpide dans quelques échantillons qu'il possédait, qu'il la considérait comme un véritable verre, ce qui valut à cette substance le nom de *muller glas* (verre de Muller).

Celle qu'on trouve dans les carrières volcaniques de *Bocheneim*, ouvertes à peu de distance de Francfort, est sur une lave altérée, demi-dure, sur la surface de laquelle elle forme une sorte de vernis calcédonieux , transparent et comme vitreux, mais recouvert de petits mamelons de la même substance.

4.° Id. *Semblable à la précédente, sur une lave poreuse un peu altérée : du cratère de Mont-Brûl, dans l'ancien Vivarais.* Cette calcédoine , qui est presqu'aussi transparente que le verre, est rare dans cet ancien volcan éteint; j'y en recueillis un échantillon en 1776. M. de la Metherie, qui visita le même volcan quelques années après, en trouva un second qu'il donna à Romé Delisle , et M. Hell, un troisième en 1783. Je n'en ai plus retrouvé, quoique j'aie visité un grand nombre de fois, depuis cette époque, ce beau cratère, un des plus remarquables du Vivarais.

5.° Id. *Du Vésuve*, trouvée par Hamilton, en petits globules semblables à des perles, dans la lave de l'éruption de 1767.

Thompson observa des masses de sable volcanique, réunies par un *ciment siliceux*, près de la bouche d'où sortit la lave de 1794.

6.° Id. *Du Montamiata* dans le Siennois.

Cette calcédoine plus ou moins transparente, plus ou moins vitreuse, est tantôt globuleuse, tantôt cylindrique, quelquefois filamenteuse, mamelonnée, nacrée et comme perlée.

C'est la *fiorite* de Thompson, l'*amialite* du professeur Georges Santi, le *quartz hyalin concretionne* de quelques minéralogistes ; mais comme c'est une véritable calcédoine, il faut lui conserver son nom.

Celle qui imite les perles se trouve sous un lit de *tuffa* jaunâtre, grumeleux, à la *Fontaine de la Verna*, audessus de *Castel-del-Piano*. La variété qui est blanche et très-opaque, est attachée à un *peperino*, qui constitue le sol *des châtaigneries de la commune d'Arcidosso*, sur la même montagne de *Montamiata*, où est aussi la commune de *Santa-Fiora* (1).

_____

(1) *Vid.* Voyage au *Montamiata* et dans le Siennois, par le docteur Santi, traduction française, tom. I, pag. 106.

7.°. Id. *Du cratère de l'Astruni, dans les environs de Naples.*

Breislak, qui a très-bien observé et décrit avec soin les produits volcaniques des Champs-Phlgréens, dit avec raison que les concrétions calcédonieuses dont il s'agit, sont rares, qu'elles n'excèdent guères la grandeur d'une tête d'épingle, et que *lorsqu'elles sont groupees, elles font*, dit cet habile minéralogiste, *un bel effet par leur couleur ou blanche ou perlée qui tranche bien sur le noir de la lave* (1).

8.° Id. *De la Solfatara de Pouzzole.*

Thompson a fait connoître le premier et Breislak après lui, les concrétions en ce genre, qu'il observa à la Solfatara. Quelques-unes sont blanches, d'autres d'un blanc cendré. On en voit aussi de presque vitreuses, qui ont lié divers fragmens de laves. Enfin on en voit sur quelques-unes des laves altérées qui constituent le sol de la Solfatara, d'autres qui forment des espèces de croûtes de deux ou trois lignes d'épaisseur, qui ont une pâte et une cassure assez analogue à celle de certains *pechsteins.*

_____

(1) Breislak, Voyage physique et lythologique dans la Campanie, tome II, pag. 64, de la traduction française faite sous les yeux de l'auteur, par le général Pomereuil. Paris, 1801.

9.° Id. *Des fumeroles de Monticeto, à l'ile d'Ischia.*

Thompson a été encore le premier qui a fait connoître et décrit les incrustations siliceuses et calcédonieuses de *Monticeto*, près du village de *Casamennella*. Il mesura le degré de température d'une des fumeroles, qui éleva le mercure à 75° ½ du thermomètre de Réaumur. Ces vapeurs salines, animées d'une chaleur aussi forte, pénétrant les matières volcaniques, les décomposent, s'emparent de leur terre siliceuse, qu'elles dissolvent et déposent sous diverses formes dans les fentes ou sur la superficie des *tuffas*, où ces dépôts siliceux sont mamelonnés, cylindriques, ramifiés, blancs, opaques, demi-transparens, et quelquefois vitreux.

Tels sont les principaux lieux volcaniques où l'on trouve des substances siliceuses et calcédonieuses infiltrées. Il en existe encore dans d'autres volcans, comme au *Geyser*, en Islande, et ailleurs; mais il suffit d'avoir fait connaître ceux qui sont le plus à portée de nous.

APPENDICE

Des chrysolites ou péridots granuleux des
volcans.

J'ai fait remarquer combien il était difficile
de classer d'une manière satisfaisante les laves
qui renferment des péridots.

Cette substance minérale est répandue en si
grande abondance dans plusieurs de ces laves,
qu'elle est digne de fixer l'attention des géologues,
surtout si l'on considère qu'on ne l'a point encore
reconnue dans aucune des roches non volcaniques qui ont été examinées jusqu'à présent.

La disposition constamment granuleuse des péridots, même dans les masses irrégulières qui pèsent plusieurs livres, leur intime adhérence avec
les laves compactes qui les renferment, présentent des embarras dans la théorie ; car, d'une part,
ces grains de péridots n'étant ni roullés, ni arrondis, ni fracturés, ne peuvent être considérés
comme appartenant à des brèches, à des poudingues, à des grès, ou formant des amigdaloïdes.
Cependant la pâte dans laquelle ils sont disséminés,
les principes constituans dont elle est formée,
étant chimiquement analogues à ceux des porphyres, ne permettent guères de les tirer de ce

genre de roche, du moins quand à la base ; cela
est si vrai que si les péridots, au lieu d'être granuleux, se présentaient sous une forme géométrique
plus ou moins régulière , je ne balancerais pas à
considérer la lave qui les contiendrait comme provenant d'un véritable porphyre d'une espèce particulière : mais nous n'avons jusqu'à présent que
des indices de cristallisation applicables à un
ou tout au plus à deux exemples isolés, ce qui
fait qu'on ne saurait s'en servir pour en former une loi générale. Cependant comme en géologie il faut toujours en revenir aux masses et aux
parties constituantes qui les composent, si la base
des laves qui renferment les péridots granuleux
offre les mêmes résultats, par l'analyse , que celle
qui sert de base aux porphyres ; si l'on voit dans
la même pâte ou sont les péridots, des cristaux
bien distincts , bien prononcés, d'hornblende ,
de pyroxènes, et même de feld-spath ; et si l'on
ajoute à ces faits celui qu'on trouve aussi le péridot granuleux disséminé dans quelques laves
amygdaloïdes , on est véritablement embarrassé de
désigner la place fixe qui pourrait leur convenir
le mieux sous tous les rapports. C'est ce qui m'a déterminé à en former un *appendice* particulier à
la suite des laves amigdaloïdes , d'où il sera facile
de les séparer , si des recherches subséquentes
ou de nouveaux faits autorisent à les placer
autre part.

Il me reste à faire connaître à présent les analyses de deux variétés de péridots granuleux des volcans faites par M. Klaproth, dont on connaît le mérite et l'exactitude. La première sur les péridots qu'on trouve dans les laves compactes basaltiques d'*Unckel*, sur la rive gauche du Rhin, entre *Bonn* et *Coblentz*; la seconde sur ceux tirés des laves du *Karlsberg*, dans le pays de Hesse-Cassel. J'ai visité ces deux lieux.

Analyse des péridots granuleux.

D'Unckel.		Du Kalsberg.	
Silice.	50,	Silice. . . .	52,
Oxide de fer.	12,	Oxide de fer.	10, 75.
Magnésie . . .	38, 50.	Magnésie. .	37, 75.
Chaux.	25.	Chaux. . . .	12.
	100, 75.		100, 62.

Ces légers excédens de poids proviennent du degré de siccité plus ou moins grand de la substance à analyser.

1. ————— *Peridots granuleux, demi - transparens; d'un vert d'olive un peu foncé, dont les grains sont si rapprochés et si intimément reunis, qu'ils paraissent ne former qu'un seul corps homogène qui offrirait une multitude de petites gerçures protubérantes et inégales.*

On trouve ceux-ci en rognons plus ou

moins gros, dans une lave noire, compacte, dure, attirable, des environs de *Roche-Sauve*, en Vivarais, ainsi qu'à *Maillas*, à *St.-Jean-le-Noir*, à *Roche-Maure :* j'en ai vu aussi dans les environs de *Hesse-Cassel*, et dans d'autres parties de l'Allemagne. C'est la couleur de cette variété de péridot qui avait engagé probablement M. Werner à donner au genre entier le nom impropre d'*olivine*. On trouve la même aussi en Auvergne, à-l'île de Bourbon, etc.

2. Id. ———— *D'un vert d'olive, pâle, un peu jaunâtre, à grains vitreux demi-transparens.*

Cette variété de péridot· granuleux, qui est en général la plus commune, se trouve dans un grand nombre de laves de diverses espèces, et dans plusieurs volcans éteints ou brûlans, situés à de grandes distances les uns des autres. Elle est tantôt disséminée en grains dans les laves, tantôt en rognons plus ou moins gros, quelquefois en morceaux irréguliers si volumineux, qu'il y en a qui pèsent jusqu'à dix et douze livres: tels sont ceux qui sont au milieu des prismes de la *chaussée* des bords de la rivière d'*Ollière*, près du village du *Colombier*, en Vivarais (1); ceux

_____

(1) J'ai fait figurer cette superbe Chaussée volcanique , dans les Recherches sur les volcans éteints du Vivarais et du Vélai, *in-folio*, fig.

de l *Habiswald*, dans le pays de *Hesse-Cassel*, de l'*Isle-de-Bourbon*, etc.

3. ———— *Péridots d'un vert jaunâtre vif et brillant, à grains vitreux transparens.*

De l'Isle-de-Bourbon, dans une lave poreuse noire, pesante, attirable.

Id. Dans une lave porphyritique grise, compacte, attirable, du Vésuve, avec des grains et de petits cristaux de feld-spath blanc en parallelipipèdes, des grains d'hornblende noire, et beaucoup de gros grains de péridot d'un vert jaunâtre brillant : on trouve les mêmes dans une lave semblable des environs de Rome, etc.

4. ———— Id. *D'un brun jaunâtre, légèrement chatoyans, demi-transparens et disposés plutôt en petites lames ecailleuses qu'en grains.*

Du cratère de Mont-Brûl, en Vivarais, dans une lave bleuâtre en partie poreuse.

Cette variété de péridots des volcans n'est pas commune.

5. ———— Id. *D'un brun verdâtre si foncé qu'il paraît noir et chatoyant comme de l'acier bruni.*

Du volcan de l'Isle-de-Bourbon, dans une lave noire, très-pesante quoique poreuse.

En observant cette lave dans les cassures, on croit voir au premier aspect plutôt des écailles brillantes de mica noir que des véritables péridots, tant leur éclat est trompeur et leur nombre multiplié ; mais en les observant au soleil avec la loupe, on revient bientôt de cette erreur.

J'ai fait scier et polir plusieurs échantillons de cette belle lave ; le poli en fait ressortir quelques parties d'un vert jaunâtre, qu'on observe au milieu de la substance noirâtre et irisée qui caractérise ces péridots, ce qui me persuade que leur couleur noire d'un brillant d'acier bronzé est due à quelque modification particulière du feu, ou à l'action produite par quelque sublimation gazeuze acide. M'a été envoyée par M. Hubert.

Dè l'Isle-de-Bourbon.

6. ———— *Peridots granuleux dè la même couleur que les precedens, et d'un brillant metallique semblable, accompagnes d'autres péridots granuleux d'un jaune de litharge, resultant d'une sorte d'oxidation qui n'a point attaque leur durete ni leur eclat.*

Dans une lave amygdaloïde compacte, d'un gris foncé tirant au brun, mêlée de grains irréguliers calcaires, spathiques, d'une couleur très-blanche, qui sont entrés comme principes constituans de cette lave.

De l'Isle-de-Bourbon. M'a été envoyée par M. Bory Saint-Vincent.

7. ———— *Péridots granuleux d'un rouge foncé brun lorsqu'on les observe à l'œil nu, mais*

brillans, transparens et d'une belle couleur d'hyac nthe lorsqu'on les examine au grand jour, avec la loupe.

Cette variété remarquable , qui se trouve en gros rognons dans une lave compacte d'un gris foncé, de l'Isle-de-Bourbon , et dans une lave noire, compacte *de la Bastide*, près d'*Entraigues*, en Vivarais, paraît au premier aspect n'être entièrement formée que de grains et de petits éclats d hyacinthe (zircon de M. Haüy); mais le zircon raie le quartz, et le péridot dont il s'agit ne l'attaque pas. D'ailleurs tous les caractères chimiques attestent que ce sont de véritables péridots., au reste cette couleur n'est due probablement qu'à une modification du fer; car l'on voit dans quelques échantillons quelques grains qui ont conservé leur couleur verdâtre à côté de ceux qui sont d'un rouge d'hyacinthe.

8. ————— *Péridots à grains d'un jaune fauve , à grains d'un jaune verdâtre , d un vert d'olive, d'un vert d'émeraude , d'un vert foncé obscur. Ces grains de diverses couleurs sont réunis dans les mêmes rognons.*

Du cratère de *Mont-Brúl*, en Vivarais , au milieu des laves poreuses bleuâtres.

De *Maillas*, près de *Saint-Jean-le-Noir*, en Vivarais.

9. ————— *Péridots à grains jaunâtres , à grains d'un*

vert pâle, d'un vert de pré, et d'un vert foncé obscur, mélangés et confondus avec des grains de spath calcaire arragonite, blancs, brillans et translucides.

Dans un *tuffa* volcanique, ou plutôt dans une brèche à très-petits fragmens de lave compacte noire, réunis par un ciment dur, formé par de la lave pulvérulente rougeâtre; de la montagne d'*Andanse*, au-dessus du château de *Granoux*, à une lieue de *Chaumerac*, en Vivarais. On trouve dans ce tuffa des rognons beaucoup plus gros que le poing, où le péridot est associé avec l'arragonite en grains Je n'ai vu nulle autre part que là un tel mélange.

10. ———— *Péridots granuleux altérés, opaques, d'un rouge foncé vif, conservant une partie de leur dureté, et ressemblant parfaitement à de petits fragmens de jaspe rouge.*

Des environs du château de la Bastide, à une lieue d'*Entraigues*, en Vivarais.

Cette variété se trouve en grains disséminés entre d'autres grains de péridots de diverses couleurs, dont la réunion forme des rognons de la grosseur d'un œuf de poule : elle est due à une altération particulière des péridots rouges d'hyacinthe, de la variété 7.

11. ———— *Péridots granuleux dont le fer est oxidé en couleur jaune orangé, et s'exfoliant en petites lames minces et brillantes comme si c'était du mica.*

Dans une lave compacte grise, alté-
réé de l'Isle-de-Bourbon. J'en ai reconnu
de semblables dans les environs de
Roche-Sauve.

12. ———— *Péridots de la même couleur jaune orangé,*
mais entièrement décomposés, et convertis
en substance terreuse.

Dans la lave amygdaloïde argileuse
grise, à globules calcaires, de la grotte
des Peres du désert, à un quart de
lieue de *Cruas*, en Vivarais.

13. ———— Id. *En grains demi-transparens, d'un blanc*
jaunâtre, mélangés de grains violâtres, d'au-
tres d'un jaune verdâtre, d'un vert foncé noi-
râtre, demi-transparens. Doux au toucher
comme de la steatite, et se laissant couper
avec un canif comme si c'était de la cire.

Je découvris, il y a plus de trente ans,
cette rare et singulière modification des
péridots volcaniques, dans les environs
de la chartreuse de *Bonne-Foy*, au
pied du mont *Mezinc*, dans une lave
compacte altérée, et comme argileuse.
Romé-de-Lisle en fait mention dans le
tom. II de sa Crystallographie, et attribue cette modification à des vapeurs
acides (1).

_____

(1) « Les vapeurs acides, dit ce savant minéralogiste, réagis-
» sent même sur les chrysolites en masses granuleuses, dont
» M. Faujas de Saint-Fond m'a fait voir dans les laves et les basaltes
» de nos provinces, des morceaux qui conservent encore leur
» couleur verdâtre avec une partie de leur luisant, et qui
» néanmoins sont assez tendres pour pouvoir se couper aussi faci-
» lement que de la cire ». Crystallographie, tom. II, pag. 047.

Les péridots granuleux, dans cet état de modification, sont fusibles au chalumeau, tandis qu'ils étaient très-réfractaires auparavant.

Dolomieu trouva quelques années après, dans les environs de Lisbonne, une lave amygdaloïde compacte, d'un brun un peu violâtre, mais altérée au point qu'on peut la couper comme de l'argile. Elle renferme des péridots qui ont la couleur demi-transparente, et l'aspect de la cire d'un jaune pâle légèrement verdâtre; on peut les couper avec un canif, comme si c'était un corps gras, et ils sont très-fusibles au chalumeau.

NEUVIÈME CLASSE.

Des brèches et des tuffas *volcaniques.*

OBSERVATIONS.

Les brèches, les poudingues et les tuffas volcaniques, sont des *agrégats* particuliers dont la
formation dérive de diverses causes ; les uns
semblent appartenir exclusivement à l'action im-
médiate du feu exerçant plus ou moins lente-
ment sa puissance, ou la manifestant d'une manière brusque et rapide; les autres se présentent
avec les caractères qui résultent de la double
action du feu et de l'eau, agissant simultanément
par des moyens opposés, et donnant naissance
par là à des produits mixtes qui n'ont lieu que
dans certaines circonstances particulières.

Cet aperçu exige quelques développemens en
faveur de ceux qui aiment à étudier et à suivre
avec attention les substances diverses enfantées par
les embrasemens souterrains au milieu des plus
terribles convulsions de la nature. Il est donc nécessaire de rappeler ici quelques circonstances propres à éclairer ceux qui auraient de la peine à
concevoir que des volcans embrasés aient pu et
puissent encore vomir des torrens de laves for-

més de brèches, de poudingues, ou d'autres
laves plus extraordinaires encore qui doivent leur
naissance au concours du feu et de l'eau.

Le système de formation de ces masses agré-
gées, composées de matières diverses, est une
énigme moins difficile pour celui qui a été à
portée de jouir du spectacle surprenant d'un
volcan en activité, ou qui a souvent parcouru
du moins les décombres anciens ou modernes
de ces vastes fournaises, répandues sur tant de
points du globe, en suivant pour ainsi dire pas
à pas la marche de la nature, et en portant un
œil attentif sur les caractères divers qu'elle a im-
primés à tant de mélanges, qui diffèrent si fort
de forme, de couleur, de pesanteur et de dureté.

On sera moins étonné de tous ces change-
mens, si l'on veut méditer sur les phénomènes
qui doivent résulter de ces terribles embrasemens, qui ébranlent la terre à de grandes profondeurs, l'agitent en sens contraires à des
distances considérables, élèvent les mers et
les portent au-delà de leurs barrières, obscur-
cissent le ciel par des nuages de fumée et de
poussière, sillonnent l'air d'éclairs qui se succèdent et enfantent des orages et des tonnerres
bruyans qui semblent menacer la nature entiere.

Là, toutes les puissances physiques sont mises
en jeu, les ressorts de la dilatation luttent

36 *

contre les lois de la pesanteur, le feu renverse
les obstacles qui l'embarrassent,des amas immenses
de minéraux en ébullition s'élèvent par explosions à de grandes hauteurs, se divisent en pluies
de matières fondues, se consolident dans l'air et
retombent dans le gouffre d'où ils sont sortis, s'y
amalgamment avec de nouvelles laves qui sont à
leur tour rejetées, et donnent lieu à des aglo-
merations qui constituent des brèches ou des
poudingues, qui sont l'ouvrage immédiat du
feu.

Mais si quelque commotion souterraine est assez
violente pour ouvrir la moindre issue aux eaux de
la mer qui baigne ordinairement la base des volcans ou qui n'en est guère éloignée, et que l'eau
arrive au milieu de ce gouffre de feu, le combat
qui en résulte est aussi terrible que destructeur,
jusqu'à ce que les forces parviennent à se balancer.
C'est alors que de nouvelles combinaisons s'o-
pèrent, que le fluide aqueux porté au plus haut
degré d'incandescence, et imprégné de divers
gaz qui lui donnent une faculté dissolvante plus
active, produit des résultats d'autant plus extraordinaires, que ce n'est que dans d'aussi grands
et d'aussi forts appareils que des modifications
semblables peuvent s'opérer.

Enfin, dans d'autres circonstances, des explosions successives et continues donnent naissance
à des pluies de cendres ou plutôt à des projec-

tions de laves pulvérulentes, poreuses, graveleuses, scorifiées, plus ou moins anguleuses ou
arrondies par les frottemens; qui tombent dans
les mers environnantes, s'y accumulent, s'y consolident et forment ces grandes couches horizontales ou inclinées de matières volcaniques sous-
marines, où l'on trouve si souvent des produits
appartenans exclusivement aux eaux, mélangés et
confondus avec ceux qui portent l'empreinte et
les caractères des embrasemens souterrains.

Cet aperçu est suffisant pour faire voir combien sont grands et variés les moyens que la nature emploie lorsqu'elle exerce sa puissance, et
combien il lui est facile de les modifier lorsqu'elle met en jeu les divers agens actifs qui sont
à sa disposition.

C'est au géologue à suivre et à étudier ces modifications diverses, à se familiariser avec elles, et
à prendre si bien l'habitude de les reconnaître,
qu'il ne puisse plus les confondre avec des substances qui leur sont étrangères, et se présentent
quelquefois dans d'autres lieux avec une fausse
apparence d'analogie, mais privées de ce caractère que les volcans impriment aux substances
minérales soumises à leur action, et que l'habitude apprend à reconnaître, en observant même
ces substances dans les collections.

La distinction des brèches volcaniques n'est pas
difficile, puisqu'il s'agit simplement de savoir si

les fragmens de laves qui les composent sont
plus ou moins anguleux; mais il n'est pas aussi
aisé de définir le mélange, et en quelque sorte l'a-
malgamme des substances volcaniques auxquelles
les Italiens ont donné depuis long temps le nom
de *tuffa*, nom qu'il est bon de conserver et qu'on
ne doit point traduire en français par celui de
tuf, parce qu'il présenterait alors une acception
erronée.

Les *tuffas* sont tantôt composés de diverses substances volcaniques plus ou moins atténuées, liées
par un ciment terreux qui a quelquefois beaucoup d'adhésion, tandis que dans d'autres circonstances il se pulvérise sous les doigts ou se
détruit au moindre choc.

La couleur des *tuffas* due au fer, qui joue un
si grand rôle dans les produits volcaniques, a
éprouvé en s'oxidant beaucoup de modifications;
car l'on voit de ces tuffas qui n'ont quelquefois
qu'une seule couleur dominante, et sont tantôt
d'un jaune rougeâtre, tantôt d'un rouge de brique,
d'autres fois d'un noir ou d'un gris plus ou moins
foncé, tandis qu'ils réunissent, dans d'autres circonstances, le mélange de ces diverses couleurs.

Les tuffas sont souvent disposés en couches
épaisses superposées les unes au-dessus des autres;
on en voit qui sont presque horizontales ou légèrement inclinées; d'autres presque verticales et
imitant par leur position de grandes coulées de

matières boueuses qui sembleraient être descendues de quelques eminences supérieures.

Il est à remarquer aussi que la plupart de ces tuffas sont recouverts par des laves compactes qui appartiennent à de véritables courans de matières fondues; on en voit même au-dessus desquels reposent de grandes chaussées de laves colonnaires.

La classification des tuffas ne serait pas difficile s'ils avaient constamment un caractère uniforme, mais il arrive souvent que leur pâte renfermant une multitude de très-petits fragmens anguleux ou émoussés de laves dures de diverses espeees, ils peuvent être considérés rigoureusement alors comme appartenant autant aux brèches qu'aux tuffas.

Il arrive aussi, dans quelques circonstances, que de véritables brèches bien caractérisées sont cimentées par de véritables tuffas ; il peut en être de même des poudingues volcaniques. Je ne vois qu'un moyen de parer à cet embarras dans la méthode, c'est celui de décrire avec soin ces produits volcaniques, et de prendre pour caractère principal la partie dominante du composé. Ainsi toutes les fois que les fragmens de lave qui constituent la brèche forment la masse principale, celle-ci doit être classée dans la section des brèches volcaniques , abstraction faite du ciment

qui les lie ; l'on pourra suivre la même marche
pour les véritables tuffas, sans avoir égard aux
petits fragmens de laves granuleuses qui sont
entrés dans leurs compositions.

Quoique les *tuffas* paraissent être la partie la
moins intéressante en apparence de la minéralogie des volcans, ils attestent néanmoins quelques
grands faits géologiques dignes d'exciter notre
attention , et bien propres à nous dédom-
mager des peines qu'exigent l'étude et l'examen
suivi de ces productions en quelque sorte mixtes,
qui tiennent d'une part aux résultats des embrasemens souterrains, de l'autre aux mouve-
mens des eaux de la mer, dont tout atteste la
présence à l'époque où ces antiques volcans étaient
en activité.

En effet, si cela n'avait pas été ainsi, comment trouverait-on, au milieu de ces couches
aussi épaisses qu'étendues de *tuffas*, des coquilles de diverses espèces , des bois charbonisés , d'autres bois siliceux passés à l'état de
pechstein, et même des ossemens de quelques
grands quadrupèdes terrestres, ainsi qu'on en
verra bientôt la preuve?

REMIÈRE SECTION.

Brèches volcaniques formées de fragmens plus ou moins anguleux de diverses espèces de laves, saisis et enveloppés par d'autres laves en état de fusion

1. ———— *Brèche volcanique composée de fragmens anguleux et de fragmens obtus, de lave noire compacte, dure, de lave noire un peu poreuse, de quelques portions granuleuses de feld-spath blanc, le tout étroitement réuni par une lave de couleur fauve, à pores striés.*

Du Pic volcanique de *Saint-Michel*, au Puy en Vélay.

Id. Au hameau de *Veïlourhan*, à un quart de lieue de distance du château de Roche-Sauve, en Vivarais.

2. ———— Id. *Avec des fragmens irréguliers de laves scorifiées demi-vitreuses, d'un noir brillant, liés par une lave grise striée, rapprochée de la pierre-ponce dure.*

A peu de distance du hameau de *Veïlourhan.*

Id. A Lipari. *Vid.* Spallanzani, Voyage dans les Deux-Siciles, tom. III, pag. 5.

3. ———— Id. *Formée d'une multitude de fragmens anguleux de lave poreuse noire, de quelques portions de feld-spath blancs opaque, liés par un ciment de pierre-ponce grise à petits pores.*

A Lipari et à Ischia.

4. ———— Id. *Avec des fragmens de pierre calcaire blanche, quelquefois grise ou fauve ; dans une lave grise, dure, mélangée de cristaux et de grains de feld-spath blancs, transparens et gercés, de quelques lames d'hornblende noire, de mica argenté et de grains de pyroxène vert.*

Des environs d *Albano*, ainsi que dans d'autres parties du territoire de Rome Cette brèche est assez dure pour recevoir le poli : elle fait mouvoir le bareau aimante.

5 ———— Id. *Composée de gros fragmens de marbre blanc, de marbre jaunâtre, à grains fins, salins et d'une autre substance pierreuse dure, formee d'un melange de chaux et de silice ; dans une lave grise qui renferme beaucoup de fragmens de pyroxène noir.*

Des environs de Rome et de quelques parties voisines du Vésuve, dans le territoire de Naples.

6. ———— Id. *Avec des fragmens de marbre blanc, de marbre gris ; des noyaux d'hornblende noire, des grains de feld-spath blancs ; d'autres noyaux de mica écailleux noir dans une lave grise mêlée de parcelles de mica argenté, et de fragmens nombreux de pyroxène d'un vert foncé.*

D Ischia.

7. ———— Id. *Avec de gros nœuds de péridot granuleux des volcans, de diverses couleurs, des fragmens de lave compacte noire, des fragmens de lave poreuse presque scorifiée, de*

la même couleur que la précédente: dans
une lave grise formée de détritus plus ou
moins atténués de diverses espèces de laves.

De l'ile de Bourbon; m'a été envoyée
par M. Hubert.

De l'ile de l'Ascension, envoyée par
M. de Berth.

Dans plusieurs des collines volcaniques de l'Habischouald, sur le territoire de Hesse-Cassel.

Se trouve aussi à Murat, en Auvergne, adossée à la belle chaussée co-
lonnaire, dite le rocher de *Bonnevie.*

SECONDE SECTION.

Brèches volcaniques formées par le concours
simultané du feu et de l'eau portée à un
haut degré d'incandescence.

1. ————— *Brèche formée de fragmens de porphyre*
brun, de porphyre à fond rouge, avec
des cristaux en parallélipipèdes de feld-
spath blanc, de fragmens de marbre
blanc, entourés, dans leurs points de con-
tacts avec la lave, de linéamens noirs qui
paraissent tenir à une dissolution aqueuse
qui a intimément lié toutes les parties de
cette brèche, dont le fond est une lave
grise, attirable, mêlée de grains de py-
roxène noir qui a été fondu.
D'une des bases de l'Ethna.

2. ——————— *Brèche renfermant des fragmens anguleux de lave noire à cassure écailleuse, de lave grise feld-spathique, à surface raboteuse, l'une et l'autre attirable; de lave vitreuse d'un vert bleuâtre, de fragmens de pierre-ponce cendrée, de fragmens d'un verre volcanique blanchâtre demi-transparent, et d'un verre dépourvu de couleur; le tout enveloppé par une lave d'un gris bleuâtre, peu dur et d'un grain grossier.*

De l'île de Lipari.

Voyez pour de plus grands détails, au sujet de cette singulière brèche, le tom. III, pag. 6, de la traduction française, par Toscan, du Voyage de Spallanzani, dans les Deux-Siciles.

3. ——————— *Id. Brèche à fond gris cendré, formée de fragmens de lave noire basaltique un peu poreuse, renfermant des péridots granuleux, de gros fragmens de grès quartzeux d'un blanc jaunâtre, avec des zônes parallèles de couleur rouge; des fragmens d'une pierre marneuse, grise et rouge d'ocre, et des géodes de fer hématite; le tout réuni par une lave grise formée d'une multitude de grains et de substances plus ou moins atténuées, des mêmes matières qui constituent la brèche, et de quelques grains de pyroxène noir.*

De l'Habischouald et au-dessus du château de la Cascade, à une lieue de Hesse-Cassel.

Les hématites qu'on trouve quelquefois

dans cette brèche de l'Habischouald, n'y
ont point été saisies acc dentellement
comme les autres substances pierreuses
qui la composent, mais elles ont été formées en place par l'action du fluide aqueux
saturé de feu et d'eaux gazeuses dissol-
vantes du fer, dont cette lave porte de
toutes parts des traces.

4. ———— *Brèche volcanique formée de divers fragmens
de lave noire compacte basaltique, attirable, étroitement liés par du spath calcaire blanc, brillant et dur, au point que
cette brèche peut être sciée et polie. On
en trouve des variétés où la lave compacte
est quelquefois oxidée en rouge ocreux.*

Des environs du château de Roche-
maure, quartier de *Rignas*, dans l'ancien Vivarais. C'est dans des collines
entièrement formées d'un *tuffa* volcanique employé dans les constructions
comme une excellente pouzzolane, qu'on
trouve par place divers échantillons de
cette brèche à ciment calcaire.

On trouve une brèche volcanique
analogue, à Monte-Bolca, un peu au-
dessus de *Vestena-Nova*, dans le Vicentin; elle est en blocs assez considérables : les fragmens de lave compacte
sont très-noirs et renferment des grains
de pyroxène noir : le spath calcaire
est très-blanc et dur.

5. ———— *Brèche volcanique formée d'une multitude de
fragmens plus ou moins gros de véritable*

*verre volcanique d'un noir foncé, brillant,
étroitement réunis par du spath calcaire
blanc, dur, compacte, à grains très-fins,
susceptible de recevoir un beau poli.*

Cette singulière brèche volcanique
produit un fort bel effet lorsqu'elle est
polie ; car la couleur noire de l'obsidienne, tranche vivement sur le fond
blanc de la brèche.

Elle se trouve au Valdinoto, et l'on
en doit la découverte à Dolomieu.

6. ————— *Brèche volcanique formée de très-petits fragmens de lave compacte, altérée, d'un noir
verdâtre, dont quelques-uns renferment
des grains de pyroxène noir, dans une pâte
silicéo-calcaire, blanche, dure, qui ne se
dissout que très-peu dans l'acide nitrique.*

De Ténériffe, envoyée par M. Bory-
Saint-Vincent.

TROISIÈME SECTION.

*Tuffas volcaniques, proprement dits, formés
de détritus de diverses espèces de laves granuleuses, pulvérulentes ou terreuses, variant
de couleur en raison de leurs différens
degrés d'oxidation.*

Il faut considérer les tuffas comme
devant leur formation à diverses circonstances.

1.° Ils peuvent être le résultat de l'action simultanée du feu et de l'eau, lors-

que dans les grandes convulsions sou-
terraines , il s'ouvre subitement des
communications entre la mer et les vastes
gouffres de feu qui constituent les fournaises volcaniques.

2.° Les projections de laves pulvérulentes portées quelquefois au loin , comme
celles qui ensevelirent Herculanum et
Pompeia, ou bien celles qui s'accumulent
dans le fond des mers voisines des volcans, peuvent donner lieu à la longue
à des dépôts, et même à des stratifications plus ou moins régulières de *tuffas.*

3.° Dans d'autres circonstances les tuffas , déjà déposés dans la mer, peuvent
y avoir été repris par les courans qui les
ont déplacés et mélangés avec des coquilles et autres productions marines,
quelquefois même avec des productions
terrestres entraînées par les fleuves ou
par toute autre cause dans les mers; les
courans peuvent avoir, à plusieurs re-
prises, déposé ces tuffas en couches
ou en bancs plus ou moins réguliers.

1. ———— *Tuffa volcanique composé de pierres - ponces*
blanches, légères, de pierres-ponces grises en
petits fragmens adhérens les uns aux autres
par des points de contact, comme si
c'était l'effet d'une forte cohésion qui les
eût ainsi liés.

Ce tuffa, qui est d'une grande légèreté, se trouve dans les environs de
Pleyt, à une lieue et demie d'*Ander-*

nach; il recouvre les carrières de *trass.*

2. ———————— *Tuffa dont la base est une pierre-ponce réduite en poussière si fine, qu'elle a l'apparence d'une substance argileuse : cette base sert de ciment à une multitude de très-petits grains de pierre-ponce très-légère, mais plus âpre au toucher et beaucoup moins altérée que celle qui forme la base de ce tuffa, qui renferme en outre des espèces de nœuds de véritable lave poreuse oxidée en brun, ou quelquefois entièrement décolorée.*

Ce tuffa forme une des variétés du *Trass* de *Pleyth,* dans les environs d'*Andernack,* sur la rive droite du Rhin (1).

3. ———————— *Tuffa composé de pierres-ponces en grains, de fragmens anguleux mais très-petits de lave noire, compacte, basaltique, attirable; d'éclats écailleux d'un schiste gris un peu micacé, dans une pâte de pierre-ponce, pulvérulente qui sert de ciment à cet amalgame.*

Du même lieu que ci-dessus, et formant une seconde variété de *trass;* c'est dans celle-ci, qui a plus de consistance et de solidité que la précédente, et qui forme des dépôts et des espèces de couches de plus de cinquante pieds d'épaisseur, qu'on trouve quelquefois des

---

(1) On peut consulter sur les carrières de *trass* de Pleyt, sur leur exploitation, le Mémoire que j'ai publié à ce sujet dans les *Annales du Muséum d'hist. nat.* tom. I, pag. 15.

portions cylindriques de véritable bois,
qui n'a éprouvé d'autre altération que
celle d'avoir été converti en charbon
semblable au charbon de bois ordinaire.
J'en possède deux beaux échantillons,
avec du charbon d'un pouce de diamètre
sur plus de cinq pouce de longueur, dans
le centre même du tuffa; je les ai recueillis à plus de trente pieds de profondeur,
dans le massif d'une carrière de *trass*
en exploitation dans les environs de
Pleyt (1).

4. ——— *Tuffa.formé de très-petits grains de lave en
partie scorifiée et comme vitreuse, de
quelques grains de pyroxène noir, et d'autres grains de péridot jaunâtre usés et arrondis, cimentés par de la lave pulvérulente grise et noire, qui ressemble à un
grès; et se trouve quelquefois en couches
régulières.*

Ce tuffa, que j'ai été à portée d'observer sur la montagne volcanique du
Calsberg, à peu de distance du château
du *Vaissenstein*, dans le pays de *Hesse-
Cassel*, sur la colline volcanique connue
sous le nom de *Huhn-Rothberg*, offre

---

(1) Spallanzani avait trouvé du charbon analogue à celui-ci,
mais en fragmens beaucoup plus petits, dans un tuffa de l'île de
Lipari. Voyez tom. III, pag. 11, du Voyage en Sicile, fait par
ce célèbre naturaliste, et traduit en français par Toscan.

dans son gisement tous les caractères
d'alluvion marine ; il est fortement attirable.

Comme on a ouvert sur cet emplace-
ment une vaste carrière d'où l'on a tiré
la plupart des matériaux qui ont servi
aux constructions et à l'embellissement
du château *de la Cascade*, des acqueducs
et des fabriques qui se présentent de
toutes parts dans ce beau lieu , on a attaqué cette colline de manière que ses
flancs ont été mis à découvert et offrent
un bel objet d'étude au géologue. C'est
là qu'on voit des bancs immenses de
tuffas , de brèches volcaniques , strati-
fiés au milieu des laves pulvérulentes ;
des sables marins, des bois siliceux, et
dans le fond des coquilles fossiles dans
un sable ocreux mélangé de parcelles
de laves ; en un mot tous les phénomènes d'un volcan sous-marin.

On trouve un tuffa analogue, à fond
gris foncé mêlé de points blancs, mais
formé de laves plus altérées et beaucoup
plus friables, vers la partie élevée du
Cantal, en Auvergne, où ce tuffa gît en
stratifications qui forment en tout environ
quarante toises d'épaisseur. Le premier fait
mouvoir fortement le barreau aimanté.

5. ————— *Tuffa d'un gris violâtre , qui ressemble au*
premier aspect à une sorte de grès ; mais
il n'est entièrement composé que de détritus

très-atténués de lave poreuse violâtre, de lave compacte plus ou moins altérée, de quelques grains de pyroxène noir.

Des environs de *Veylourhan*, à mi-côte de la montagne sur laq elle est situé le château de *Roche-Sauve*, dans l'ancien Vivarais : n'est point attirable.

Ce tuffa, dont les molécules sont fortement réunies, forme des couches d'une épaisseur considérable, recouvertes par des laves compactes basaltiques, et porte lui-même sur d'autres tuffas composés de laves scorifiées noires.

6. ———— *Tuffa à fond jaunâtre doré, ponctué de blanc gris et noirâtre, composé de petits fragmens de lave compacte basaltique, dont quelques-uns sont un peu altérés, de lave oxidée en brun jaunâtre vif, tendre et friable, de quelques grains de péridot vert volcanique et de petits éclats de pyroxène noir. On y trouve aussi quelques géodes ocreuses d'une belle couleur jaune doré.*

Ce tuffa n'est attirable que dans les parties où les grains de lave compacte ne sont point altérés.

Il forme de grandes couches superposées les unes au-dessus des autres. Sur la route de *Veylourhan*, au château de *Roche-Sauve*, désigné à l'article ci-dessus.

7. ———— *Tuffa brun violâtre, mélangé de points blancs, de points jaunes ocreux, de points noirâtres,*

37 *

compose de petits fragmens anguleux de lave compacte noire qui a perdu un peu de sa dureté; de petits fragmens d'une substance blanche, qui est une marne légère silicéo-calcaire, mêlée d'un peu d'alumine et de fer; de parcelles de laves poreuses altérées, de couleur ocreuse jaunâtre; de grains noirs, brillans de pyroxène; de quelques péridots granuleux d'un jaune verdâtre.

Fait mouvoir le barreau aimanté.

Des environs de *Veylourhan*, ainsi que derrière le château de *Roche-Sauve, dans l'ancien Vivarais*, où ce tuffa forme des couches d'une épaisseur considérable et d'une grande étendue, recouvertes par de vastes chaussées basaltiques. On trouve dans ces mêmes tuffas de grandes géodes ocreuses, d'une couleur jaune foncé, qui pourraient être employées dans la peinture comme le jaune de Sienne; des morceaux de laves poreuses d'un gris foncé, violâtres, et quelquefois noires, qui n'ont éprouvé qu'une légère altération quoiqu'au milieu du tuffa. On y remarque aussi assez souvent de beaux pyroxènes noirs bien cristallisés on peut rapporter à cette variété les tuffas des environs de *Rochemaure*, en Vivarais.

Ceux des environs de Rome.

La plus grande partie des tuffas de la

Campanie et des environs de Naples.
Plusieurs de ceux des monts Euganéens, dans le Padouan.

Ainsi que les tuffas des environs de
Castel-Gomberto, de *Montechio-Mag-
tegiore*, et de *Monchio-Précalcino* (1) et
autres tuffas volcaniques du Vicentin, si
riche en ce genre de productions.

QUATRIÈME SECTION.

*De quelques substances organiques animales
et végétales, qui ont été trouvées dans les
tuffas volcaniques.*

Des défenses et des dents molaires d'éléphans.

1. ——————— La grande défense fossile d'éléphant qu'on
voit dans les galeries du Muséum d'histoire naturelle, et qui a huit pieds de
longueur sur quatorze pouces de circonférence, fut trouvée par M. le duc de
la Rochefoucault et par M. Desmarest,
dans les tuffas des environs de Rome.

2. ——————— La défense d'un jeune éléphant, fut trouvée dans un état de demi-pétrification,

_____

(1) Je désigne de préférence ces deux lieux, parce que ceux
qui seront charmés de les visiter trouveront à Castel-Gomborto,
un naturaliste aussi aimable qu'affable, M. Castellini, qui a formé
un beau cabinet de fossiles, et à Montechio-Précalcino, le savan.
et bon Marzzari, très-instruit dans la minéralogie volcanique.

en Vivarais , dans la commune de *Darbre* , au milieu d'un tuffa volcanique jaunâtre, par M. Lavalette, qui la découvrit en faisant faire une excavation pour creuser une source, le 8 septembre 1801.

On peut voir pour les détails, le Mémoire que j'ai publié à ce sujet, tom. II, pag. 23, des Annales du Muséum d'histoire naturelle, où cette défense est figurée.

3. ———— Des dents molaires et des femurs d'éléphans furent trouvés au milieu des tuffas volcaniques, dans une vigne non loin de la porte du Peuple, près de Rome. M. le comte Morozo en envoya la notice à M. de Lacépède : elle fut insérée dans le Journal de physique, tom. LIV, pag. 444.

4. ———— Une dent molaire inférieure de l'espèce à laquelle M. Cuvier a donné le nom de *mastodonte*, et qui forme la troisième des trois espèces de *mastodonte* que cet anatomiste a reconnu dans l'état fossile, fut découverte par M. de Humboldt, dans une lave boueuse ou tuffa, du volcan d'*Imbarbura*, dans le royaume de *Quitto*.

5. ———— Dents et ossemens fossiles de crocodile, dans les tuffas de la colline volcanique de la *Favorita*, à trois lieues et demie de Vicence.

Arduino, qui le premier répandit le goût de la géologie en Italie, fit dans

le temps la découverte des ossemens de
cet animal amphibie, et publia un Mémoire à ce sujet ; mais l'anatomie compa-
rée était trop peu avancée alors pour qu'il
s'occupât à déterminer l'espèce.

Dans un assez long séjour que je fis à
Vicence, j'invitai le docteur Francesco-
Orazio - Scortigagna, naturaliste plein
de zèle et d'instruction, qui réside à
Lonigo, à peu de distance de la *Favorita*, de faire des recherches suivies
pour vérifier l'observation d'Arduino. Il
employa des ouvriers à diverses excavations et trouva en effet des dents et
quelques ossemens de la partie supérieure du crâne d'un véritable crocodile, ou plutôt de plusieurs crocodiles;
car il y avait des dents de diverses grandeurs, mais toutes crochues et creuses
comme celles du *gavial.* J'en fis un examen suivi et comparatif avec le docteur
Scortigagna, dans le Cabinet d'histoire
naturelle de Padoue, et je ne doute
point, ainsi que ce savant, que les
dents trouvées sur la colline de la *Favorita* n'aient appartenu à l'espèce de
crocodile à museau allongé, ou *gavial,*
dont l'analogue vit dans les eaux du
Gange.

CINQUIÈME SECTION.

Des coquilles et autres productions marines.

1. ——————— On trouve au *Waissenstein*, à trois quarts de lieue de la ville de Hesse-Cassel, au milieu d'un sol volcanique formé d'un grand nombre d'espèces de laves compactes et poreuses un tuffa sabloneux coloré par de l'oxide de fer d'un brun ocreux, de belles coquilles de diverses espèces dans l'état fossile et nullement pétrifiées, ayant perdu simplement leurs couleurs, et étant devenues blanches comme celles de grignon et de courtagnon. On y distingue entre autre la *venus - islandica*, de Lamarck, l'*arca pilosa*, Linn.

2. ——————— La vallée *Volcanico-Marine* de *Ronca*, dans le territoire de Vérone, si bien décrite par Fortis, renferme dans ses tuffas une suite nombreuse de belles coquilles tant univalves que bivalves, presque toutes changées en spath-calcaire, mais bien conservées en général, et parmi lesquelles on trouve une multitude de belles *cerites*, des *strombes*, des *cyprea*, des *arches*, des *venus* et autres coquilles presque toutes exotiques, ainsi qu'un grand nombre de belles *numulites*.

3. ——————— Les tuffas de *Montechio-Maggiore*, dans le Vicentin, offrent beaucoup de coquilles pétrifiées, particulièrement dans les

genres *cerites*, *strombes*, et surtout
dans le genre *ampullaire*, de Lamarck.
Ces coquilles sont très - bien conservées en général, particulièrement les
ampullaires, parmi lesquelles on en
trouve de très-grosses et de très-épaisses
passées à l'état de spath-calcaire. J'en
ai recueilli de parfaitement semblables,
à *Monte-Viale*, dans le Vicentin.

4. ————— On a trouvé quelquefois des coquilles dans
les tuffas volcaniques du *Pausilippe* et
des collines environnantes.

5. ————— Le volcan de *Teneriffe* a, dans quelques-
unes de ses antiques éruptions, enveloppé des corps marins parmi ses laves
tuffacées. Je possède dans ma collection
une coquille du genre cône, d'un assez
gros volume, dont l'intérieur est entièrement rempli d'un tuffa très-dur, composé d'une multitude de grains de lave
noire, en partie vitreuse, dont la coquille était enveloppée à l'extérieur; ce
cône, qui est épais, n'est point pétri-
fié, il est simplement à l'état fossile,
ayant perdu entièrement sa couleur. Je
le tiens de l'amitié de M. Bailly, l'un des
minéralogistes de l'expédition du capitaine Baudin, qui l'a recueilli à Ténériffe,
et a bien voulu en enrichir ma collection
volcanique.

SIXIÈME SECTION.

Des madrépores dans les tuffas.

1. ———— Les tuffas des environs de Naples, que feu
le docteur Thompson avait étudié et
suivi avec tant de constance, renferment
non-seulement des coquilles, mais ce
savant naturaliste y trouva un madrépore commun dans la mer de Naples.
Le *retepora spongites*. Linn. Le *porus
anguinus*, d'Imperato.

2. ———— On trouve auprès de *Monte-Viale*, à six
milles environ de Vicence, dans un *tuffa
volcanique boueux*, un grand nombre
de madrépores passés à l'état de spath-
calcaire salin, de la nature du marbre,
mais conservant encore tous les caractères de leur organisation, au point qu'on
peut en reconnaître parfaitement les espèces ; on y voit beaucoup de *mean-
drites* d'un assez grand volume, des
milleporites, diverses espèces de *fon-
gites*, etc. etc. C'est là qu'on trouve ce
madrépore rare à odeur de truffes noires,
dont Fortis a fait mention dans sa Géologie du Vicentin, tom. I, pag. 36,
et sur lequel j'ai donné, après avoir visité l s lieux, une notice beaucoup plus
détaillée dans les Annales du Muséum
d'histoire naturelle, tom. IX, pag. 224.

Des bois changés en charbons.

1. ——————— En faisant fouiller dans les tuffas de Montechio-Maggiore, dans le Vicentin, le
15 décembre 1805, les ouvriers que j'y
employais pour aller à la recherche de
diverses coquilles qui sont renfermées
dans les tuffas, découvrirent, à ma grande
satisfaction, un *tronçon de bois de palmier charbonisé*, à plus de soixante
pieds de profondeur dans l'épaisseur
du tuffa volcanique. Ce tronçon avait
deux pieds de longueur sur un pied deux
pouces de diamètre; mais comme le tuffa
dans lequel il avait été enveloppé est dur,
il fut impossible de le retirer sans le
rompre : les plus gros fragmens qu'on
en pût retirer, ont un pied de longueur
sur six pouces de largeur. L'organisation fibreuse du bois de palmier est intacte et conserve les caractères tranchans
particuliers à cette famille. Ce bois est
plutôt changé en substance tourbeuse,
légère et friable, qu'en véritable charbon. On voit dans quelques interstices
formés par le retrait, de beaux cristaux
de chaux carbonatée inverse, (Haüy)
très-brillans, mais un peu colorés en
noir par des élémens de la substance
charbonisée du bois.

On découvrit en même temps, non
loin de la place ou se trouva le palmier,
d'autres bois dans le même état, mais
réduits en fragmens, dont l'écorce couverte de protubérences mamelonnées,
cylindriques et creuses, a les caractères
d'un grand polypode en arbre.

L'on peut consulter pour de plus grands
détails sur le gisement, la *Notice* que
j ai publiée dans les Annales du Muséum,
d histoire naturelle, tom. IX, pag. 588.

2. ———— On trouve quelquefois dans les carrières
de *trass*, dans les environs de *Pleyt*, à
trois lieues d'*Andernach*, sur la rive
gauche du Rhin, du bois passé à l'état
de veritable charbon, analogue à celui
que l'on fabrique artificiellement pour
les usages économiques; il n'en diffère
qu'en ce que l'écorce qui est en contact
avec le tuffa peut s'enlever, étant encore
flexible quoique très-noire; mais le corps
du bois est entièrement changé en
charbon.

On sait que le *trass* est un véritable
tuffa. Voyez, pour de plus grands détails,
la description que j ai publiée des carrières de trass, dans le tome I.ᵉʳ, pag. 24,
des Annales du Muséum d'histoire naturelle.

3. ———— Bois charbonisé, découvert par Spallanzani,
dans un tuffa de l'île de Lipari,

Vid. pag. 11, du tom. III, du Voyage
dans les Deux-Siciles, par ce célèbre

naturaliste, de la Traduction française faite par Toscan.

4. ———— Bois en fragmens charbonisés dans les tuffas des environs de *Veylourhan*, non loin du château de *Roche - Sauve*, en Vivarais.

5. ———— Bois charbonisés dans les tuffas des vallons de *Condat* et du *Mont-d'Or*. Voyez Lacoste, de Plaisance, Lettres sur l'Auvergne, pag. 351 et suiv.

6. ———— *Id.* Dans les tuffas des environs de Murat. Lacoste, de Plaisance, même ouvrage que ci-dessus, pag. 352. L'auteur assure y avoir trouvé *un gros tronçon de sapin.*

SECTION HUITIÈME.

Des bois passés à l'état de pechstein ou pierre de poix.

————————

OBSERVATION.

Les pechsteins, ou pierres de poix, présentent beaucoup de confusion dans les méthodes minéralogiques; c'est un travail qui est à peine ébauché, et qu'il est nécessaire de refaire à neuf; mais, il faut le dire, on ne l'établira pas sur des bases solides, si un minéralogiste géologue, animé de l'amour de la science, ne prend pas toutes les peines nécessaires pour étudier sur les lieux

et suivre la position, le gisement et la diversité
d'espèces et de variétés de cette substance minérale qui ne paraît pas devoir son origine à un
seul et même système de formation.

En effet, quelques espèces de pechsteins, tels
que ceux de Misnie, par exemple, contiennent
de la soude, de l'alumine et de la chaux (1), tandis que beaucoup d'autres pechsteins sont entièrement dépourvus de plusieurs de ces substances
ou en sont entièrement privés.

Les proportions de terre siliceuse offrent aussi
des différences, les gisemens varient, quelques-
uns sont dans les pays volcaniques, d'autres au
milieu des porphyres; on en a trouvé qui adhèrent au feld-spath compacte (*petrosilex* des
anciens naturalistes), et d'autres qui paraissent
n'être que des modifications particulières de ces
deux variétés de roche : l'on peut voir par ce
simple aperçu combien le travail que la science
réclame à ce sujet du zèle des naturalistes est
nécessaire.

Comme je dois me restreindre ici à la classification des substances produites ou modifiées
par l'action des volcans, je ne puis traiter que

(1) Voyez l'analyse du pechstein de *Misnie*, par le
célèbre Klaproth, tom. II, pag. 400 et suiv. de ses
Mémoires de Chimie, de la traduction française, par
M. Tassaert.

des pechsteins qui tiennent aux résultats des incendies souterrains.

Je me permettrai d'abord d'émettre à ee sujet une opinion qui paraîtra peut-être systématique à ceux qui n'ont pas été à portée d'observer la nature en place, mais qui, j'ose l'espérer, sera jugée plus favorablement par les géologues qui ont une grande pratique des terrains incendiés par les volcans, et qui ont suivi avec attention les modifications diverses des minéraux soumis à leur action, particulièrement celle qui a donné lieu à la formation des pechsteins.

Après avoir réfléchi long-temps sur cette matière, j'ai cru qu'on ne saurait se dispenser d'établir trois divisions propres à répandre quelque clarté sur ce sujet difficile.

La première doit avoir pour objet de considérer les *bois siliceux* passés à l'état de pechstein.

La seconde est relative *aux silex, proprement dits*, qui ont éprouvé la même modification.

Et enfin la troisième tient à *quelques porphyres* qui, dans des circonstances particulières, ont éprouvé par l'action des feux volcaniques, une modification qui les rapproche des pechsteins.

Les bois avant de passer à l'état de pechstein ont dû nécessairement avoir été déjà *siliceux ;* car s'ils eussent été saisis par les matières incandescentes dans l'état simplement *ligneux*, ils auraient été convertis en charbon de bois, ainsi que nous en avons vu ci-dessus plusieurs exemples.

Ces bois étaient donc déjà pénétrés de matière siliceuse et dans un état complet de pétrification lorsque les laves les ont enveloppés ; c'est par la seulement qu'ils ont pu résister à l'action d'un feu violent et de longue durée, qui n'a produit d'autre résultat sur eux, que celui d'altérer d'une maniere particuliere leur contexture en leur imprimant un aspect en quelque sorte *résiniforme*, et en les rendant par là susceptibles d'une plus grande fragilité qu'auparavant, par cette espece de coction particuliere dans laquelle il est possible que l'eau soit entrée en concours avec le feu, apres s'être élevée à un degre d'incandescence bien supérieur à celui que nous obtenons dans les plus fortes machines à Papin.

Les silex les plus ordinaires, tels que ceux auxquels on a donné le nom vulgaire de pierre à fusil, et même les silex à pâte plus ou moins fine, et diversement colorés peuvent passer de la même manière à l'état de *pechsteins* ; ceux qu'on trouve dans les *tuffas* du vallon de *Fontange*, en Auvergne, en offrent un exemple d'autant plus remarquable et d'autant plus frappant, qu'on peut y suivre toutes les gradations, les nuances, et les passages plus ou moins avancés de cette

singulière métamorphose, depuis ceux qui ont
conservé encore une partie de leur tissu et de leur
couleur naturelle, jusqu'à ceux qui ont été changés en pechsteins complets, jaunes, rougeâtres,
blancs ou noirs; cette dernière couleur à quelquefois une si grande intensité et un luisant si
rapprochés de l'obsidienne, qu'on pourrait y être
trompé au premier abord, si l'on n'y regardait
pas de très-près. En cet état, les silex dont il
s'agit, très-durs et très-rebelles à la fracture dans
leur état naturel, acquièrent par là une tendance à se casser facilement, il en est de même
des bois changés en pechstein.

Les échantillons du vallon de Fontange, dont
je viens de faire mention, sont d'autant plus dignes d'attention, qu'ayant été coquilliers dans
leur état primitif, la volcanisation n'a point effacé totalement ce caractère, même dans ceux de
ces silex qui ont le plus de ressemblance avec
un verre volcanique, puisqu'on y distingue encore parfaitement les moules de ces mêmes coquilles, et qu'on peut y reconnaître les formes
des *hélix* et des *planorbes* qui s'y trouvaient emprisonnés : cette circonstance est très-remarquable.
Ce n'est pas seulement au vallon de *Fontange*
qu'on trouve de nombreuses preuves de ce fait,
mais encore dans le vallon de la *Chaylade*, et
dans celui de *Tiezac*, en Auvergne. Je dois cette
observation à M. *Grasset*, de Mauriac, qui a en-

richi ma collection de magnifiques morceaux en ce genre, et qui en a donné de belles suites au Muséum d'histoire naturelle.

Des porphyres, enfin, à base de feld-spath compacte plus ou moins pur, et à cristaux de feldspath en parallélipipède, se sont aussi trouvés quelquefois dans le cas d'éprouver la modification particulière qui leur a imprimé un caractère analogue à celui des bois siliceux, et des silex ordinaires dont il a été fait mention : ces porphyres ont dans ce cas une apparence plus vitreuse peut-être encore que les autres substances pierreuses ci-dessus désignées, au point qu'il est arrivé souvent qu'on en a pris quelques-uns pour de véritables vitrifications volcaniques. On peut les rapporter aux *pechsteins porphyres* de M. Werner.

Mais si l'on trouve quelquefois des pechsteins porphyres en morceaux isolés dans les tuffas ou parmi d'autres matières volcaniques, je ne dois pas omettre de dire qu'on en a reconnu dans d'autres gisemens au milieu des laves compactes, si bien caractérisés, que quelques naturalistes les ont considérés dans ce cas comme de véritables courans de laves porphyritiques vitreuses. M. *Grasset*, de Mauriac, qui connaît très-bien les productions volcaniques de l'Auvergne, les a observés sous ce point de vue.

M. Mossier, de Clermont, et M. Grasset trouvèrent, en 1801, le pechstein-porphyre

De Chazet, au Cantal, mais en morceaux isolés; ce ne fut qu'en 1803 que ces deux observateurs en reconnurent le véritable gisement, disposé *en grandes coulées*. M. Grasset découvrit, en 1804, d'autres *coulées* de la même substance, les unes à l'ouest du Cantal, les autres au pied de cette montagne volcanique.

Une note indicative écrite de la main de M. Grasset, et qui accompagnoit de très-beaux échantillons qu'il eut la bonté de me donner, atteste qu'il considérait les pechsteins porphyres dont il s'agit, comme des laves porphyritiques réduites à l'état d'émail et de verres volcaniques.

Je sais très-bien qu'il existe, quoique rarement, quelques courans de laves vitreuses; Dolomieu et Spallanzani en avaient observés à l'île de Lipari, et ces deux savans naturalistes m'envoyèrent dans le temps de beaux morceaux tirés de ces courans; c'est parce que je puis comparer ceux-ci aux pechsteins porphyres du Cantal, que j'y reconnais quelques différences. Ceux de Lipari sont incontestablement de véritables verres volcaniques; ceux d'Auvergne ont un aspect gras, luisant et résiniforme, qui tient particulièrement des pechsteins. Cependant les doutes que j'élève ici sur l'état vitreux des pechsteins du Cantal doivent être subordonnés à l'examen des lieux, que je n'ai pas encore été à portée de voir.

Je ne prétends pas nier par-là la volcanisation de
38 *

cette substance, je suis bien éloigné d'avoir cette opinion ; mais je la considère, du moins provisoirement, comme appartenant à une couche, ou même à une coulée de lave porphyritique, modifiée par un acte particulier de la volcanisation, qui la fait passer à l'état de pechstein plutôt qu'à celui d'obsidienne.

Si même ce pechstein ne se trouvait pas au milieu des laves, je le regarderais comme étranger au feu ; la nature ayant formé beaucoup de pechsteins par la voie humide, on ne saurait révoquer ce fait en doute ; celui de *Grantola*, qui est noir comme la plus belle obsidienne, et a l'aspect le plus vitreux, n'est point volcanique, ainsi que l'avait très-bien reconnu le savant P. Pinni, de Milan ; la comparaison qu'en fait M. Grasset, avec un pechstein analogue, trouvé par lui au-dessus du village *des Gordes*, en Auvergne, loin de fortifier son opinion, paraît plutôt devoir l'affaiblir.

Je n'ai pu m'empêcher d'entrer dans ces détails, parce qu'ils tiennent directement à l'histoire naturelle des volcans.

J'ai donc cru qu'il était convenable d'établir trois divisions parmi les *pechsteins volcaniques ;* elles dérivent de la nature même des pierres qui ont éprouvé cette modification particulière. La première est relative aux bois siliceux que les feux volcaniques ont fait passer à l'état de pechstein : je les appelle *pechsteins ligneux*, ou bois sili-

ceux passés à l'état de pechstein. La seconde aux
silex, proprement dits, qui ont éprouvé la même
modification ; je les nomme simplement *silex
changés en pechstein*. La troisieme appartient
aux *pechsteins porphyres* : le mot n'a pas besoin
d'explication.

§. I.er

Pechsteins ligneux ou bois siliceux passés à
à l'état de pechstein.

1. ——————— *Pechstein ligneux, d'un brun foncé jaunâtre,*
D'Afferstein, à une lieue de Francfort.

Ce pechstein est susceptible de recevoir un beau poli ; il est opaque en général, mais on en trouve quelques échantillons avec des parties demi-transparentes et d'un aspect de poix-résine d'un
brun jaune un peu rougeâtre. On ne se
douterait pas en voyant la plupart des
échantillons de pechstein d'*Affers-*
tein, qu'ils dussent leur origine première à des bois siliceux ; ce fut en
faisant fouiller moi-même sur les lieux,
dans les tuffas volcaniques boueux qui
renferment ces pechsteins, que je reconnus, à force d'en recueillir et d'en
briser de grandes quantités , qu'ils
avaient appartenu incontestablement à
des bois siliceux: j'en trouvai quelques-
uns beaucoup moins altérés que les autres,
où la fibre ligneuse se distingue très-

bien, un, entr'autres, où les couches concentriques annuelles sont parfaitement conservées.

Il faut rapporter à cette variété un bel échantillon qu'on voit dans les galeries d'histoire naturelle du Muséum de Paris, qui est de la même couleur et d'une pâte absolument semblable, et que M. *Delarbre* trouva à *Saint-Bonet*, département du Puy-de-Dôme; les caractères de ce bois sont très-reconnaissables dans une partie du morceau.

2. ————— Id. *D'un jaune de succin opaque, ou de poix-résine jaune, formant un gros échantillon, dans lequel on distingue parfaitement, dans certaines parties, des fibres ligneuses très-bien caractérisées ; on y voit quelques zónes blanches et d'autres brunes demi-transparentes.*

De Telkobanya, dans la Haute-Hongrie, au milieu des tuffas volcaniques. J'ai trouvé dans les tuffas des environs du château de *Roche-Sauve*, en Vivarais, un pechstein analogue à celui-ci, quant à la couleur et à la pâte; mais les caractères organiques du bois étaient entièrement effacés ; il est à présumer qu'il a une origine semblable au précédent, ce qu'on ne saurait cependant affirmer.

3. ————— Id. *De couleur grise, avec quelques parties blanches, et d'autres de couleur de miel, demi-transparentes, d'un aspect onctueux et luisant, portant tous les*

caractères organiques du bois dans la partie qui est de couleur grise. Ces caractères sont ceux qui appartiennent à la famille des palmiers, dont la disposition des fibres réunies en faisceaux, diffère de celle des arbres dont l'accroissement se fait par couches annuelles.

De *Kaminiz*, dans la Haute - Hongrie.

On trouve dans les environs du même lieu, d'autres bois changés en pechstein, d'une pâte transparente très-pure; il y en a de jaune d'ambre, de jaune de miel et autres couleurs, dont la contexture rappelle l'idée de bois résineux analogues à ceux des pins et des. sapins, sans qu'on puisse affirmer néanmoins qu'ils aient appartenu à ces espèces d'arbres.

4. ——————— *Pechstein ligneux, disposé en rondin de quatre pouces six lignes de diamètre, sur un pied deux pouces de longueur, trouvé dans cette forme en Hongrie, avec d'autres bois siliceux passés à l'état de pechstein, qui conservent les cercles concentriques des couches annuelles. Cet échantillon, dont la croûte extérieure est d'un blanc de craie, et a perdu sa transparence dans une épaisseur moyenne de deux lignes, est d'autant plus remarquable, qu'ayant été cassé longitudinalement par un*

coup de marteau heureusement donné, il a offert un fond vif et tranchant du plus beau rouge de chair, avec des zónes inégales d'un gris bleu, d'autres zónes d'une couleur fauve; enfin les couches rapprochées de l'aubier sont d'un blanc de cire, demi-transparentes, avec quelques parties d'un beau jaune de miel.

Des monts Carpaths, dans la Haute-Hongrie. Ce superbe et rare morceau, brillant de couleur et remarquable par sa belle pâte, conserve la forme et la disposition de son organisation ligneuse, et les fibres y sont très-distinctes, même dans la couche extérieure blanche qui commence à entrer en décomposition.

La couleur dominante de ce pechstein ligneux d'un rouge de chair très-vif, et dont les fibres sont fines et luisantes, rappelle l'idée d'une chair fraîche qui aurait été coupée dans la partie des muscles; cette fausse ressemblance, loin d'être idéale, est des plus frappantes, ainsi qu'en jugent au premier abord tous ceux qui le voient pour la première fois. Ce morceau curieux par ses couleurs, par sa belle conservation et sa fraîcheur, est dans ma collection; il seroit unique, si à mon retour de Styrie et de Carinthie, je n'avais eu l'avantage d'en offrir une portion à son Alt. Imp. le vice-roi d'Italie, qui avait le projet de former un cabinet particulier, et à qui il parut faire plaisir,

§. I I.

Silex passés à l'état de pechstein.

1. ———— *Silex de la nature des pierres à fusil ordinaires, conservant encore son* facies *et sa cassure conchoïde, étonné par le feu qui a décoloré une partie de l'échantillon, et l'a rendu d'un blanc mat, tandis que le reste est passé à l'état d'un véritable pechstein d'un gris foncé très - brillant, nuancé de brun clair rougeâtre, et ayant l'aspect et l'apparence résineuse. Infusible.*

Du Cantal, en Auvergne, aux *Chasses*, sous le *Puy-Griou*. Je dois ce beau morceau, où les transitions du silex au pechstein sont si bien caractérisées, à M. Grasset, de Mauriac, qui l'a recueilli lui-même, et a eu la bonté de m'en faire présent, comme un exemple de plus pour prouver ce que j'avais énoncé dans mes leçons de géologie auxquelles il avait assisté, que l'action des feux volcaniques faisait passer dans certaines circonstances les *bois siliceux* et même les *silex ordinaires*, à l'état de pechstein.

Cet échantillon à cinq pouces de longueur sur quatre pouces et demi de largeur, et deux pouces cinq lignes d'épais-

seur moyenne. La partie blanche qui
occupe un espace de deux pouces de
largeur, a le même aspect absolument
que celui des *silex* ordinaires lorsqu'on les sort des fours des faïenceries,
après les avoir soumis à l'action d'un feu
brusque, afin de leur faire enlever leurs
couleurs et les disposer à être broyés plus
facilement : l'on sait que ces silex se fen-
dillent alors, perdent leur transparence et
deviennent d'un blanc mat un peu luisant.

Il en a été absolument de même ici,
où l'on reconnaît sur une partie du morceau l'action d'un coup de feu trop
prompt, tandis que le restant ayant résisté davantage, n'a éprouvé d'autre
changement que la modification particulière qui l'a fait passer à l'état de
véritable pechstein : l'échantillon est d'un
si bon choix qu'on peut y suivre les gradations et les nuances de ce passage.

J'en ai trouvé un analogue aux monts
Euganéens, au pied du volcan éteint du
mont Pendicé.

2. —————— *Autre silex passé à l'état de pechstein d'un
noir foncé brillant, opaque, ayant un
faux aspect d'obsidienne, mais laissant
voir encore sur une partie moins altérée, des empreintes bien caractérisées
de petites coquilles qui paraissent appartenir au genre pupa de Draparnaud
et de Daudebard.*

Du vallon de *Fontange* ; se trouve

aussi dans celui de la Chaylade et à
Tiézac; envoyé par M. Grasset, de Mauriac.

Ce morceau, non moins remarquable
que le précédent par les empreintes de
coquilles qu'on y distingue dans une partie moins altérée, qui a conservé la couleur et la pâte du silex, sert à démontrer
que cette pierre appartient à ce genre,
ce qui eût été très-difficile de déterminer
avec autant de certitude, sans le témoignage de ces corps organisés; ce morceau est doublement intéressant, en ce
que l'action du feu, lui a imprimé une
modification particulière qui l'a converti
en pechstein du plus beau noir et d'un
aspect luisant, qui lui donne une fausse
apparence d'émail opaque; l'échantillon
est si bien choisi, qu'on distingue à côté
de la partie la plus noire, quelques zônes
qui ont conservé la couleur première
du silex, qui est d'une teinte fauve,
terne et opaque, comme dans certaines
pierres ordinaires de ce genre.

3. ———————— *Silex entièrement passé à l'état de pechstein,*
d'un noir un peu brunâtre, d'une pâte fine
brillante comme celle d'un émail : mais
d'un luisant un peu plus onctueux, trans-
lucide sur le bord des cassures, avec des
empreintes aussi distinctes que bien for-
mées d'une petite espèce d'hélix, de la gran-
deur d'une lentille, dont on ne saurait dé-
terminer l'espèce.

Du vallon de Fontange.

Cet échantillon forme le complément de ceux décrits ci-dessus; et quoique sa ressemblance avec les émaux et les obsidiennes ne soit qu'apparente, comme c'est à l'action des feux volcaniques que cette modification singulière des silex, ainsi que des bois siliceux, est due, elle forme dans la méthode une sorte de transition naturelle aux véritables obsidiennes ou verres volcaniques. Mais avant de passer à cette division, il nous reste à dire un mot des pechsteins porphyres.

§. I I I.

Pechsteins porphyres.

1. ——— *Pechstein porphyre à fond vert - olive foncé, à cassure d'un luisant brillant, mais onctueux, translucide sur les bords, avec des cristaux de feld-spath blanc limpide, de deux à trois lignes au plus de longueur ; point d'action sur le barreau aimanté ; rayant le verre ; fusible au chalumeau en émail blanc un peu bulleux.*

Du village *des Chazet*, au pied du *Puy-de-Griou :* envoi de M. Grasset.

Cette substance, au premier aspect, a beaucoup de ressemblance avec un émail volcanique ; mais son brillant, en quelque

sorte résineux, diffère de celui des obsidiennes, et un œil exercé ne saurait les confondre. J'ai fait scier et polir une grande
plaque de ce pechstein porphyre, pour le
comparer à des plaques d'obsidiennes po-
lies; le pechstein porphyre en cet état a
un brillant onctueux beaucoup plus gras
que celui des verres volcaniques, qui sont
plus vitreux à l'œil et au tact, et ont une
plus grande transparence dans les cassures, coupent les doigts comme le verre,
tandis que la cassure des pechsteins porphyres ne produit pas le même effet : elle
est vive mais elle n'est point tranchante.
Les feld-spaths ne sont ni frittés, ni fondus, comme dans certains verres de
Stromboli, de Vulcano et des iles Ponces.

Il semble, d'après ces différences comparatives, qu'on ne saurait se dispenser
d'établir une distinction entre les *pechsteins porphyres*, et les véritables *verres*
provenus des roches porphyritiques ou
feld-spathiques : ces derniers sont le résultat de l'action d'un feu violent qui a
tout confondu en vitrifiant les matières
sur lesquelles il a exercé son action.

Les premiers, au contraire, sont les
résultats d'une action particulière produite par le même agent qui les a modi-
fiés en pechstein, et le fluide igné a joué
ici un rôle analogue à celui du fluide
aqueux, lorsque celui-ci concours à la
formation des pechsteins hors de l'em-

pire des volcans. Il est possible aussi que
dans la circonstance dont il s'agit, les
deux fluides aient exercé simultanément
leur action pour parvenir au même
but.

On peut ranger ici la plupart des
laves résinites ou résiniformes de Dolomieu, quelle que soit la couleur,
lorsqu'on y distingue des cristaux de feld-
spath plus ou moins réguliers, et que la
pâte a un aspect résineux ou de pechstein, telles que plusieurs de celles qu'on
trouve en ce genre à Vulcano.

2. ————— *Pechstein porphyre d'un noir foncé verdâtre, d'un éclat brillant, mais un
peu onctueux; d'un aspect vitreux;
rayant le verre; point attirable à l'aimant; d'une contexture qui tient du
grenu et du lamelleux; point de feld-
spath apparent; fusible au chalumeau
en émail très-blanc.*

Existe au-dessus du village *des Gardes,*
en Auvergne, sur une éminence du vallon étroit et profond qui sépare le Cantal
du *Puy-de-Griou.* Messieurs Mossier et
Grasset découvrirent les premiers le gisement de cette belle variété de *pechstein
porphyre.*

L'aspect vitreux de ce pechstein rappelle si fort l'idée d'une substance vitrifiée, qu'il n'est point étonnant qu'on
l'ait considéré comme une sorte d'émail
de volcan. Cependant les véritables *ob-*

sidiennes n'ont point ce luisant onctueux :
leur cassure est toujours vive et tranchante, et a un autre caractère. En tirant ce pechstein porphyre de la section
des verres, proprement dits, je ne prétends pas l'exclure par là de la classe
des substances attaquées par le feu; mais
je le considère comme différemment mo-
difié que les véritables verres volcaniques.

Je pourrais multiplier ces exemples,
si je n'étais forcé de me restreindre;
mais les faits énoncés ci-dessus sont plus
que suffisans pour faire sentir la nécessité
qu'il y avait d'établir la division *des
pechsteins volcaniques*, *ligneux*, *siliceux* et *porphyritiques*, ce qui nous conduit naturellement à la division des substances véritablement vitrifiées, aux obsidiennes proprement dites.

DIXIÈME CLASSE.

Des émaux, des obsidiennes, et autres verres volcaniques.

OBSERVATIONS.

Si l'on veut se former une idée juste et précise des divers produits vitreux dûs à l'action des feux souterrains, il est nécessaire de se rappeler que les roches les plus fusibles sur lesquelles les volcans ont exercé leurs actions, sont les porphyres, les feld-spaths compactes et les trapps.

Les porphyres ont pour base la réunion de diverses terres qui peuvent se servir réciproquement de fondans; ils renferment le plus souvent de la soude ou de la potasse, qui augmente leur fusibilité; et le fer s'y trouvant en plus ou moins grande proportion, rend les verres qui en résultent d'un noir foncé plus ou moins opaque : des cristaux de feld-spath blanc ou de toute autre couleur, ou de simples ébauches de ces cristaux sont engagés dans cette pâte.

Lorsque les feux souterrains exercent leur action au milieu de ces roches, à de grandes profondeurs, et sous le ressort d'une compression qui

ne permet aucun dégagement de matières réduites
en gaz, la masse acquiert une fusion pâteuse, sans
que la roche porphyritique perde ses caractères :
la pâte peut même, lorsque le feu devient plus
actif, passer à l'état vitreux, sans que la forme
des cristaux s'efface. Les laves véritablement vitreuses de *Vulcano*, celles de l'île *Ponce* et de
Pentelaria, ne laissent subsister aucun doute à
ce sujet.

Lorsque la pâte des porphyres est riche en fer,
le verre qui en résulte par la fusion est d'un noir
foncé très-vif, mais opaque; et ce n'est que vers
les bords des cassures minces que ce verre est
translucide : les *trapps* chargés de fer se compor-
tent de même, et cela doit être ainsi puisque la
base de la plupart des porphyres est analogue à
celle des trapps.

Mais comme il y a des trapps dans lesquels le
fer n'est entré qu'en portion très-faible, malgré
que leur couleur soit noire, ceux-ci produisent par
la fusion un verre plus transparent, verdâtre
ou d'un blanc enfumé ; il y a aussi des porphyres
dont la pâte semblable à celle dont il est question,
mais ayant moins de fer encore, a donné naissance
à des verres demi-transparens, qui sont quelquefois entièrement diaphanes sur les bords, et n'ont
qu'une faible teinte de fumée; les cristaux de
feld-spath blancs, qui entraient comme parties
constituantes dans ces porphyres, sont devenus

Tome II. 39

opaques, frittés ou demi-vitrifiés; on a même
quelques exemples où les cristaux de feld-spath se
sont fondus en un émail blanc, opaque, au milieu
de la pâte qui les renfermait et qui a passé à
l'état de verre presque entièrement transparent.
Tels sont ceux que Spallanzani découvrit en
grande masse à Lipari.

Les feld-spaths compactes, homogènes, dépourvus de cristaux, et sortant par là du genre des
porphyres, donnent naissance à des vitrifications
plus ou moins parfaites, en raison des proportions diverses des matières qui sont entrées
dans leur composition : ils ne produisent quelquefois que de simples émaux opaques de telle
ou de telle couleur ; tandis que lorsque les matières constituantes sont dans des proportions convenables, ils passent à l'aide d'une chaleur violente
à l'état de *véritables ponces*, qui ne sont que des
verres filamenteux, striés, cellulaires et légers ,
demi-transparens, blancs ou faiblement colorés,
dans lesquels l'analyse retrouve la soude qui a
concouru à leur grande fusibilité. Il paraît que
les *luchs saphirs* ne sont que des verres extrêmement légers , dont les uns ont de la transparence,
tandis que les autres en sont privés : le verre, en
est un peu gras et bien fondu; il diffère de celui des ponces, puisqu'il n'est ni poreux, ni
strié; il est à présumer qu'il tient à quelque variété
de feld-spath plus fusible encore que les autres,

ainsi que nous le verrons plus particulièrement en parlant de cette espèce singulière de verre.

C'est donc en ne perdant point de vue les diverses variétés de *trapps*, de *feld-spaths compactes* et de *porphyres*, et leur tendance plus ou moins grande, à être fondues par les feux volcaniques, qu'on parviendra à distinguer sur les lieux les différentes vitrifications qui se présentent quelquefois au milieu des autres laves, et qui tiennent à l'état particulier de ces substances minérales.

§. Ier

Des émaux.

1. ——— *Email gris avec des zones d'un gris-blanc un peu verdâtre : quelques pores se manifestent dans la pâte, et la loupe y découvre des cristaux de feld-spath en partie effacés, mais qui suffisent pour caractériser l'origine porphyritique de cet émail, qui est opaque.*

De l'île de l'Ascension : a été recueilli par M. de Berth, officier d'artillerie, minéralogiste très-instruit, qui a formé une belle collection volcanique, à l'île de Bourbon, à l'île de France et à l'île de l'Ascension.

2. ——— *Email d'un gris foncé, entièrement couvert de petites taches rondes d'un gris beaucoup plus blanc, formées par une*

multitude de petits globules opaques qui se montrent de toute part dans la pâte de cet émail, qui a quelques parties colorées en noir foncé très-vif.

De l'ile de Vulcano.

Cet émail, qui est dur et susceptible de recevoir un beau poli, porte tous les caractères d'une lave variolitique convertie en émail. L'on distingue encore, sur plusieurs des globules, quelques rayons qui partent d'un centre, et ressemblent parfaitement aux petits corps sphériques des véritables variolites, qui ne sont que des feld-spaths globuleux.

3. ————— *Email d'un gris foncé noirâtre, dur, opaque, dans lequel on distingue quelques points de pyroxènes noirs qui sont fondus.*

De l'ile Ponce.

4. ————— *Email très-noir qui se rapproche de l'obsidienne, mais qui est plus opaque et a l'aspect un peu plus gras.*

Du Pic de Ténériffe; envoyé par M. Bory de Saint-Vincent.

Cet émail est recouvert quelquefois d'une croûte de scorie couleur de rouille de fer. On en trouve de très-noir dans lequel on ne distingue presque aucun corps étranger, si ce n'est quelques légères portions de feld-spath blanc, mais qui n'y sont qu'en très-petite quantité; on en voit d'autres dont l'émail un peu moins noir, est plus souillé de taches

feld - spathiques blanches, fondues avec
l'émail, mais qui ont conservé une partie
de leur teinte.

§. I I.

*Des véritables obsidiennes ou verres volca-
niques.*

1. ————— *Obsidienne d'un verre noir, à cassure
vive, conchoïde, tranchante et translucide sur les bords, d'une pâte homogène, d'une couleur noire égale et d'une
grande intensité; malgré cela, si l'on
casse en éclats très - minces quelques-
unes de ces obsidiennes, ces éclats sont
beaucoup plus transparens, quelquefois même entièrement transparens, et
leur couleur fuligineuse est à peine sen-
sible : ils sont fusibles au chalumeau
en un émail très-blanc, luisant, demi-
transparent, avec de petites bulles su-
perficielles.*

Du mont Hécla; du volcan de Ténériffe; de celui de l'Ascension; de Vulcano; de Lipari; des îles Ponces, etc.

Un fait assez remarquable au sujet des
obsidiennes ou verres noirs des volcans,
c'est la facilité qu'ont ceux-ci de fondre
au chalumeau en une sorte d'émail blanc,
ce qui annonce deux choses : la première, que cette couleur noire, malgré
sa grande intensité, n'est en quelque sorte

que fuligineuse, et susceptible de se
dissiper par le feu, lorsque rien ne porte
obstacle à la déperdition de ce principe
colorant quel qu'il soit. Ceci n'est point
contradictoire si l'on considère que les
feux souterrains exercent leur action à de
grandes profondeurs dans les foyers volcaniques, sous une forte compression
qui ne permet aucune décomposition,
c'est-à-dire aucune émanation ou dissi-
pation des substances minérales ramollies par le feu. Le second fait remarquable, qui tient aux verres volcaniques
noirs passant à l'état d'émail blanc,
tend à démontrer que les roches principales sur lesquelles les volcans ont exercé
leur action, sont du genre des *porphyroïdes*, les plus fusibles que nous con-
naissions, puisque le feld-spath et le fer
y dominent ; mais comme parmi les
roches de cette nature il en existe où
le feld-spath compacte s'y trouve dans
un plus grand degré de pureté, et dé-
gagé des accessoires qui dérangent ou
embarrassent les proportions convenables
à la constitution de cette pierre composée, plus ces feld spaths compactes (pé-
trosilex des anciens minéralogistes) sont
purs, plus ils sont susceptibles de donner naissance à des vitrifications homogènes, lorsque les feux volcaniques les
réduisent à un état de fusion vitreuse. Or
cet état de pureté plus ou moins par-

fait peut donner lieu à quelques modifications particulières qui offriront de légères variétés dans ces sortes de verres, sans en altérer trop sensiblement les caractères chimiques.

2. —————— *Obsidienne globuleuse, légère, noire opaque, quelquefois transparente et faiblement enfumée, luchs-saphir des minéralogistes allemands.*

Du cap de Gates.

Je range cette substance vitrifiée dans la classe des verres volcaniques homogènes, parce qu'elle fond facilement en émail très-blanc au chalumeau, et que j'en possède de très-beaux échantillons, dont les globules vitreux sont engagés dans un émail d'un gris blanc dont la vitrification est rapprochée d'une ponce lamelleuse; cet émail fond lui-même en blanc au chalumeau : les globules noirs qui constituent l'obsidienne ne sont pas toujours ronds; leur grosseur varie depuis celle d'une grosse noisette, jusqu'à celle d'un petit pois. Leur légèreté est très-grande, quoique le verre soit homogène et nullement poreux; il y en a de très-transparens, et qui n'ont qu'une légère couleur de fumée; d'autres sont opaques, d'un très-beau noir, et quelques-uns d'un noir grisâtre : tous sont d'un luisant un peu onctueux à l'extérieur et doux au toucher.

3. ——————— *Obsidienne d'un verre noir très-fin, à*

*cassure vive, conchoïde, très-diaphane
sur les bords et d'une couleur d'un brun
olivâtre faible. On distingue dans quelques parties de cette belle obsidienne,
des points blancs et quelques petits
creux, tapissés à l'intérieur d'une substance blanche vitreuse, un peu frittée,
qui parait être due à des grains de
feld-spath blanc qui ont refusé de
s'amalgamer avec le verre de l'obsidienne, fusible avec facilité en émail
très-blanc.*

De Cerro-Delas-Marejas, au Mexique.

Je tiens de l'amitié de M. de Humboldt
ce bel échantillon, que ce savant à recueilli dans son important voyage dans
les régions équinoxiales. Comme on
voit quelques points de feld-spath blanc
sur ce morceau, qui est d'ailleurs d'un
verre bien pur et bien homogène, il
peut servir de transition naturelle à l'obsidienne du n.° suivant.

4. ———— *Obsidienne à cassure vive et tranchante,
à fond très-noir, avec une multitude de
petites taches globuleuses, dont les unes
sont rondes, les autres oblongues,
blanches, opaques, ayant l'aspect d'un
émail fondu, mais un peu onctueux;
très-rapprochées les unes des autres,
et pénétrant toute la masse de la pâte
noire, vitreuse et brillante qui les renferme.*

De l'île de Lipari.

Spallanzani, pendant son séjour à l'île de Lipari, fit à la suite de ses pénibles recherches la découverte de ce beau verre volcanique tigré. Dolomieu ne resta que quatre jours à Lipari ; Spallanzani qui voulut connaître à fond cette île remarquable qui a dix-neuf milles et demi de tour, y resta dix-huit jours entièrement occupé à la parcourir et à l'étudier dans tous les sens ; et il trouva de grandes masses de ce verre tigré, dont quelques-unes pesaient plus de quarante et cinquante livres, intimement unies et sans intermédiaire avec une lave à *base de feld-spath d'un grain fin et compacte, à cassure écailleuse, sèche au toucher, étincelant au briquet, couleur cendrée et quelquefois plombée, renfermant une immensité de corpuscules que l'on distinguerait difficilement de la pâte commune où ils sont incorporés, à cause de l'identité de couleur, s'ils n'avaient une forme globuleuse.* Spallanzani, Voyage dans les Deux-Siciles, tom. II, pag. 189 de la traduction de Toscan. Cette description est très-exacte ; je possède dans ma collection des morceaux de cette lave et du verre noir tigré dont il s'agit, et je considère ce dernier comme devant son origine à une roche *porphyroïde variolitique*, c'est-à-dire à une roche feld-spathique très-fusible, qui renfermait une multi-

tude de grains, plus ou moins sphériques, d'un feld-spath plus compacte,
différemment coloré, et moins fusible
que celui de la pâte qui constituait le
fond de la roche, analogue à celle de
certaines *variolites*. Voyez la section des
laves variolitiques. Quoique le fond de
l'obsidiénne tigrée de Lipari soit d'un
noir brillant très-foncé dans les morceaux qui ont une certaine épaisseur,
néanmoins si on les réduit en éclats, ils
sont transparens et même entièrement
diaphanes sur les bords, à l'exception
des globules qui restent opaques en général ; en soumettant à l'action du chalumeau le verre noir, il fond promptement en émail blanc demi-transparent :
les globules opaques fondent aussi, mais
en émail grisâtre moins transparent.

On pourra ranger dans cette même
division, les émaux et les verres porphyritiques conservant leurs cristaux de
feld-spath au milieu des obsidiennes.

5. —————— *Verre volcanique d'un noir un peu olivâtre, disposé en filamens capillaires
plus ou moins longs, fins, flexibles,
mais fragiles, souvent terminés en
très-petits globules ronds ou oblongs,
fusibles au chalumeau, en globules
d'un noir verdâtre.*

Commerson fit connaître le premier
cette singulière production volcanique
vitreuse, que le volcan de l'île de Bour-

bon a eu seul la propriété de produire
en grand dans quelques-unes de ses éruptions ; il nous apprit qu'à la suite d'une
très-grande commotion volcanique, l'île
entière en fut couverte, particulièrement
les environs de *Gaul* et de l'*Etang-
Salé*, éloignés de huit lieues de la
fournaise.

M. Bory de Saint-Vincent, qui nous
a fait connaître par d'excellentes observations et par de très-belles gravures le
volcan de l'île de Bourbon, a porté
son attention sur cette vitrification capillaire; il nous apprend que dans une
des premières excursions qu'il fit sur un
des cratères de ce volcan, non loin duquel il passa la nuit et à qui il donna,
avec juste raison, le nom de *Cratère Dolomieu*. « Il s'assoupissait par
» fois, mais qu'il était souvent réveillé
» par le froid et par des accès d'un bruit
» épouvantable que produisait de temps
» en temps le volcan. Ce bruit était tout
» différent du tumulte continu qu'occa-
» sionaient les gerbes, et ressemblaient
» à des feux roulans, quoiqu'un peu plus
» graves. Tout était en feu autour de nous ;
» en appliquant l'oreille contre le sol,
» nous entendions de temps en temps un
» bruit souterrain effrayant; tantôt il
» ressemblait à un frémissement, d'autres
» fois au grondement de l'orage répété
» par les échos.

» En nous levant, nous nous trouvâmes
» couverts de *petits filets brillans et ca-*
» *pillaires, flexibles, semblables à des*
» *soies ou à des fils d'araignée.* Nous
» en avions rencontré dès la veille sur
» toute la montagne ; mais en moins
» grande quantite. Nous trouvâmes aussi
» des morceaux épars d'une scorie lé-
» gère, vitreuse, spongieuse, brillante
» et par fragmens, qui avaient depuis
» le volume d'une cerise jusqu'à celui
» d'une pomme. Cette scorie tombait
» en poussière au moindre choc : les
» filets ne me paraissent qu'une modifica-
» tion de cette scorie vitreuse particu-
» lière à l'île de Bourbon (1) ».

M. Bory de Saint-Vincent ayant fait
un second voyage au même volcan,
quelque temps après, s'exprime ainsi au
sujet de ces verres filamenteux, et en
explique la théorie de la manière suivante :

« Dans mon premier voyage au vol-
» can, on peut se souvenir que nous
» nous trouvâmes couverts en nous ré-
» veillant de fils de verre volcanique :
» cette fois-ci il y en avait bien davan-
» tage ; nous en avions déjà ramassé sur
» la plaine des sables, qui, la veille, en
» était jonchée.

---

(1) Voyage dans les quatre îles principales des mers d'Afrique,
par M. Bory de Saint-Vincent, tom. II, pag. 253 et suiv.

» Les gerbes qui s'échappent en fu-
» sées, et tout ce que lance le cratère,
» se séparant subitement d'une masse en
» fusion, doivent produire à-peu-près,
» sur la surface dont ces parties s'échap-
» pent, le même effet qu'un bâton de
» cire d'espagne enlevé brusquement de
» dessus le cachet qu'on étend avec son
» extrémité fondue, et dont cette extré-
» mité se réduit en fil souvent d'une très-
» grande longueur. Ce qui m'a confirmé
» dans l'idée que cette théorie était
» fondée, c'est que j'ai vu des filets vol-
» caniques de plusieurs aunes; d'autres
» avaient vers le milieu, ou à l'une de
» leurs extrémités, de petites gouttes en
» forme de poire. J'ai reconnu ces gouttes
» pour être des fragmens de scories vi-
» treuses, pareilles à celles qui cou-
» vraient la chaudière, et dont le filet
» ne semblait qu'un prolongement (1) ».
Cette explication est très - vraisemblable.

Le volcan de l'île de l'Ascension re-
jeta autrefois de très-petits globules vitreux mêlés de filamens de verre noir;
mais nous n'avons point d'observations
exactes et positives à ce sujet.

Dolomieu, dans son Voyage aux îles
de Lipari fait mention, pag. 36, n.° 7,
« d'une lave grise de Vulcano, traversée

(1) Même voyage que ci-dessus, tom. III, pag. 50.

» par des veines blanches presque paral-
» lèles, et contenant quelques points
» noirs vitreux. Cette lave solide, mais-
» caverneuse, renferme dans ses cavités
» des filets capillaires de verre noir en
» flocons, d'une extrême délicatesse,
» et que le souffle dissipe. J'en trouvai,
» dit-il, beaucoup de morceaux sem-
» blables, et cependant je n'ai pu con-
» server que bien peu de ces filamens
» de verre, qui sont infiniment plus lé-
» gers et plus fins que ceux du volcan
» de l'île de Bourbon ».

Je possède un bel échantillon de cette
lave, avec des filets capillaires de verre
noir, qui a l'aspect un peu métallique,
par une illusion produite par le fond
blanchâtre des cavités qui le contiennent.
Dolomieu m'apprit en même-temps que
ce verre capillaire de Vulcano, qui ne
se trouve qu'en très-petite quantité, était
le produit de l'éruption de 1774, où le
volcan élança de grands blocs de lave
compacte, qui renfermaient dans des
cavités produites par des espèces de souf-
flures, des faisceaux de ce verre capillaire, le plus souvent diposé en houppes,
dont quelques-unes étaient aussi grosses
que des œufs; mais elles étaient si fragiles, qu'il n'était pas possible de les
transporter : les plus petites, qui sont
les plus communes, sont beaucoup plus
faciles à conserver.

Nota. Quelques minéralogistes ont considéré mal à propos ces verres capillaires disposés en houppes dans les cavités de cette lave, comme la réunion de très-petits cristaux d'augites ou pyroxènes; mais les ayant examinés avec de très-fortes loupes, je me suis assuré qu'ils n'ont aucun caractère de cristallisation, et qu'ils sont en outre d'une grande fusibilité au chalumeau, tandis qu'il faut un coup de feu très-violent pour fondre le pyroxène.

TROISIÈME SECTION.

Des Pierres-Ponces.

OBSERVATIONS.

Les véritables pierres-ponces, qu'on ne doit jamais confondre avec les laves les plus légères, tiennent le milieu entre les verres et les émaux volcaniques : elles sont dues en général à un genre de vitrification particulière qu'ont éprouvé, dans certaines circonstances les feld-spaths compactes, et quelques roches porphyritiques; la soude qu'on retire encore par l'analyse des pierres-ponces, malgré leur état de vitrification, prouve que cette substance saline se trouvait en assez forte dose dans ces roches feld-spatiques ou porphyritiques, et que c'est elle qui a concouru à les vitrifier. L'île de Lipari et celle de Vulcano, sont les seuls volcans bien connus qui aient produit d'aussi grandes quantités de pierres-ponces. L'île de Lipari, particulièrement, est l'immense magasin qui fournit presque toutes les pierres-ponces, que divers arts consomment en assez grande quantité dans presque toutes les parties de l'Europe.

L'Ethna n'en donne point, et le Vésuve n'en produit que quelques fragmens isolés, tandis qu'il en a beaucoup jeté autrefois en manière de pluie de cendres, entre autres pendant l'éruption qui ensevelit Herculanum et plusieurs de celles qui l'ont précédée.

Nous n'avons point encore de détails minéralogiques assez circonstanciés ni assez positifs sur les produits volcaniques du mont *Hécla*, pour parler avec certitude des pierres-ponces qu'il peut avoir rejeté, parce que les anciens naturalistes ont très-souvent confondu les laves poreuses et les scories légères avec les véritables pierres-ponces. *M. de Troïl*, qui voyageait en Islande avec M. le chevalier Joseph Bancks, nous apprend que le mont *Hécla* a jeté autrefois beaucoup de pierres-ponces. *Voyage en Islande*, in-8.° *fig. Paris, Didot,* 1781, traduction de M. de Lindblom, pag. 337.

Dolomieu rapporte dans son Voyage à Lipari, pag. 64; l'observation suivante au sujet des pierres-

ponces, « Ces pierres, dit ce célèbre minéralo-
« giste, paraissent avoir coulé à la manière des
« laves; avoir formé, comme elles, de grands cou-
« rans que l'on retrouve à différentes profon-
« deurs les uns au-dessus des autres, autour du
« grouppe des montagnes du centre de Lipari. Les
« pierres-ponces pesantes occupent la partie infé-
« rieure des courans ou des massifs; les pierres lé-
« gères sont au-dessus. Cette disposition prouve
« encore l'identité de nature entre les pierres-
« ponces pesantes et solides, et celles qui sont lé-
« gères et peu consistantes. *La fibre prolongée
« de la pierre-ponce est toujours dans la direc-
« tion des courans; elle est dépendante de la
« demi-fluidité de cette lave qui file comme
« le verre.* Lorsqu'on trouve des morceaux de
« pierres-ponces qui ont les fibres contournées
« dans tous les sens, ils ont sûrement été lancés
« isolés, et ils ne dépendent d'aucun courant ».

Spallanzani a confirmé cette observation dans
une autre partie de la même île, *à Campo-Bianco,*
où il reconnut une espèce de pierre-ponce noire,
à tissu filamenteux, âpre au toucher, dont la
masse paraît opaque, mais dont les filamens pris
un à un et présentés au grand jour, sont diaphanes. *Les filets de cette espece de ponce,* dit
Spallanzani, *sont tous dirigés dans un sens,* ce-
lui du courant. C'est sur les flancs de la montagne de *Campo-Bianco,* coupée à pic au bord

Tome II. 40

de la mer, *ou cette pierre forme un filon con-*
tinu, presque horizontal de sept à douze pieds
de grosseur, et de soixante et plus de longueur.
Spallanzani, Voyage dans les Deux-Siciles, tom. II,
pag. 219.

On trouve encore dans quelques volcans éteints,
de véritables pierres-ponces fibreuses, légères,
absolument semblables à celles des volcans brûlans; cette parfaite analogie des unes et des autres aurait dû seule faire revenir de leurs erreurs
ceux des naturalistes qui tiennent encore au système des neptuniens.

On trouverait sans doute des pierres-ponces
dans un plus grand nombre de volcans éteints,
si des invasions promptes et accidentelles de la
mer, postérieures à la formation de ces volcans,
n'en avaient déchiré les flancs, ainsi que l'état
actuel de la plupart de ces volcans le prouve.
Malgré cela on en trouve encore plusieurs dont
les ponces, quoique friables et légères, n'ont pas
toutes été détruites, soit que leur accumulation
eut formé à la longue des montagnes entières,
soit que les espaces qu'occupaient ces grands dépôts, fussent d'une étendue et d'une profondeur
considérable.

C'est ainsi que les carrières de tuffas volcaniques des environs de *Pleyt*, à trois lieues d'*Andernach*, sur la rive gauche du Rhin, d'où les
Hollandais tirent une si grande quantité de *trass*,

sont formées de pierres-ponces en petits fragmens réunis par des ponces pulvérulentes, qui ont acquis avec le temps une certaine consistance, et forment des dépôts d'une très-grande épaisseur et d'une étendue de plusieurs lieues, où tout n'est que pierres-ponces, en fragmens plus ou moins gros, ou en grains plus ou moins atténués.

On trouve aussi des pierres-ponces dans quelques parties de l'Auvergne, mais en très-petite quantité.

Je pourrais citer aussi plusieurs volcans éteints de l'Italie, où les tuffas sont mélangés de fragmens de pierres-ponces, mais l'exemple des carrières de *Pleyt*, ou l'on trouve de si grands amas de ponces, est suffisant pour démontrer que les anciens volcans n'en sont pas toujours dépourvus.

Voici la dernière et la meilleure analyse de la pierre-ponce, faite par M. Klaproth (1).

Silice	77, 50
Alumine	17, 50
Oxide de fer manganisé.	1, 75
Soude et potasse . . .	3, 00
	99, 75

L'analyse d'accord ici avec les faits minéralo-

---

(1) Klaproth, tom. II, pag. 407 de la Traduction française.

40 *

giques et géologiques, fournit une preuve de plus, que les pierres-ponces doivent leur origine à des roches feld-spathiques.

1. —————— *Pierre-ponce blanche, poreuse, légère, âpre au toucher, fusible.*

De Campo-Bianco*, à l'île de Lipari, à Valle-del-Aqua, près d'Otto-Jano. dans les environs de *Pleyt*, de *Laack*; non loin d'*Andernach*, sur la montagne de Polagnac, à trois lieues de Clermont, route de Rochefort, etc.

2. —————— *Pierres-ponces fibreuses, et en linéamens capillaires striés, ayant une apparence soyeuse.*

Mêmes lieux que ci-dessus.

3. —————— *Pierres-ponces, d'un gris foncé ou noires, quelquefois d'un blanc grisâtre, à pores contournés; fibreux; renfermant des cristaux de feld-spath blanc plus ou moins déformés, qui se voient entre les fibres où ils sont en quelque sorte isolés, comme si la compression les avait forcés de quitter la place qu'ils occupaient. Ces cristaux sont disposés dans tous les sens; mais on en voit qui ne se présentent que sur la tranche dans certaines ponces; d'autres n'offrent que des lames.*

A Ischia, à Procida, à la Madone-des-Pleurs, dans les environs de Naples; à Lipari, les ponces noires se trouvent dans la colline du tombeau des Nasons.

4. ———— *Ponces écailleuses, légères, argentines, demi - transparentes, plus ou moins blanches.*
De Lipari.

5. ———— *Les mêmes que ci-dessus, mais pesantes.*
De Lipari.

6. ———— *Pierres-ponces, grises, légères, fibreuses, avec du mica noirâtre, brillant, quelquefois cristallisé.*
Dans une ponce d'Herculanum, de la Madone-des-Pleurs, dans le territoire de Naples, à Ischia, à Procida, etc.

7. ———— *Pierres-ponces légères, poreuses ou fibreuses, avec des noyaux plus ou moins gros et anguleux, et des grains de verre volcanique noir.*
De Lipari, de Stromboli ; de Capo-di-Monte à Scutillo, dans les environs de Naples ; à Ténériffe, etc.

8. ———— *La même espèce, mais plus blanche avec de petits éclats lamelleux, minces, d'un schiste gris-argentin, inattaquable par les acides, et de la nature de l'ardoise.*
Des ponces de *Pleyt*, de *Crufst*, de *Toenistein*, de *Clooster-Laach* et autres lieux voisins, où l'on tire les *trass* destinés pour la Hollande, dont le dépôt est à *Andernach*, sur la rive gauche du Rhin.

Ces petits éclats schisteux interposés entre les fibres de la pierre-ponce, ont été assez réfractaires pour résister à l'ac-

tion du feu. On les retrouve en plus
grande abondance dans la matière du
tuffa qui enveloppe les pierres-ponces.
Or, comme celles-ci ne se trouvent
qu'en fragmens, et appartiennent à des
pluies ou plutôt à des grêles de ponces
que le volcan lançait à de grandes distances avec d'autres matières plus ou
moins pulvérulentes, arrachées du sein
de la terre, ces schistes feuilletés, étrangers aux feld-spaths qui ont donné naissance à ces ponces, ne s'y sont attachés
probablement que par accident, à l'é-
poque des explosions qui ont concouru
à la formation de ces immenses dépôts
de *tuffa*, qui occupent une étendue si
considérable, et où les fragmens de
ponce sont si abondans.

9. ———— Id. *Avec de très-petits fragmens anguleux et irréguliers, d'une pierre vitreuse
d'un beau bleu de saphir, ou plutôt de
lapis.*

Se trouve parmi les ponces de Pleyth,
de Crufst, de Toenistein et de Clooster-
Laach.

On n'est point encore bien d'accord
sur la nature de cette pierre, qui a été
trouvée jusqu'à présent en trop petite
quantité pour qu'on puisse la soumettre
à une bonne analyse.

Ce fut en visitant l'abbaye de Laach,
en 1795, avec M. Thouin, professeur d'é-
conomie rurale au Jardin des plantes,

que je recueillis plusieurs petits échantillons de cette substance, parmi les
sables volcaniques du beau lac qui est
au pied de la maison de l'abbaye; les
vagues rejettent ce sable sur les bords;
le fer en petits cristaux y abonde, et
s'y trouve en si grande quantité, qu'on
le recueille et qu'on le vend dans les
villes voisines pour s'en servir de poudre
à répandre sur l'écriture. Ce fer est mê-
langé de très-petits grains jaunâtres,
brillans, qui paraissent être des péridots
roulés, et d'autres grains presque microscopiques d'une pierre d'un brun violâtre qui rappelle le zircon. Le mélange
de ces divers corps, dans un pays où
l'action des anciens feux volcaniques se
manifeste de toute part, me présenta des
rapports avec le sable du ruisseau d'Expailly en Velay, composé de fragmens
de laves, de zircons, de saphirs et de
fer octaèdre.

Je crus, d'après ces rapprochemens,
que les petits fragmens vitreux d'une
belle couleur bleue que j'avais recueilli
sur le bord du lac dont je viens de
faire mention, pourraient bien avoir appartenu à des saphirs comme ceux d'Expailly.

Je communiquais à M. Thouin mon
idée à ce sujet, en présence d'un des
religieux bénédictins qui occupaient alors
cette maison, lorsqu'un des moines, qui

était bibliothécaire de l'abbaye, me dit : *votre découverte, monsieur, me fait grand plaisir; elle est conforme à ce qu'un auteur ancien a dit des pierres qu'on trouvait au bord de notre lac, car il fait mention de saphirs.*

Le bon religieux me dit, je vais vous communiquer cet ouvrage, et en effet il me fit voir dans *Marquard-Freherus*, auteur estimé qui a écrit sur le Palatinat, le passage remarquable où il est question *des saphirs et des petites pierres élégantes* qu'on trouvait sur les bords du lac (1).

Ce passage remarquable d'un auteur ancien, le fer octaèdre et le sable volcanique qui accompagnent ces pierres bleues, qu'on retrouve aussi dans quelques pierres-ponces du voisinage, présentaient des rapprochemens si analogues avec les sables du ruisseau d'*Expailly* en

---

(1) « Est lacus ille, sive stagnum à quo nomen habet, longè
» amplissimus, vix duarum horarum spatio circum eundus et
» emetiendus, cinctus undique monte perpetuo, nullo hiatu pa-
» tente, nisi quà per angustiam quandam ab Andernaco aditus et
» introitus est, et quasi naturali cuidam lebeti, sive aheno infu-
» sus, et solo suo fonte contentus, nullis torrentibus rivulis que
» pervius, aqua clarissima pisculenta, maximè semper limpida...
» uno loco per petram excisum est foramen, unde aqua effluat
» ad *nidermendig* vicum, alias crescente in infinitum stagno ip-
» sam ecclesiam in edito positam inundatura, et obruptura, *in*
» *ripis etiam passim lapillos elegantiores, et saphiros reperire*
» *est* ». Marquard-Freherus, Orig. Palatin. part. II, cap. 9, pag. 33.

Vélay, et avec ceux de *Monte-Leone*,
dans le Vicentin, que je ne balançai pas
à considérer les premières comme des
fragmens de véritables saphirs.

Cependant, ayant examiné par la suite
avec plus d'attention ces mêmes pierres,
dont je devais faire mention dans un
Mémoire que je me proposais de publier
sur les *trass* ou *tuffas* volcaniques des
environs d'Andernach, leur couleur étant
d'un bleu foncé et plus brillant que celui du saphir, me fit concevoir dès-lors
quelques doutes; je les attaquai au chalumeau : elles résistèrent autant que le
saphir, mais leur couleur se dissipa. Pour
comparer leur dureté, j'écrasai avec effort sur une plaque d'agate, avec un morceau de cristal de roche, des fragmens
de saphirs d'Expailly, le cristal et la
plaque furent rayés. La même expérience
répétée sur de petits fragmens de pierres
bleues tirées du sable, et des ponces de
Laach, n'entamèrent ni l'agate ni le
cristal; j'en jetai de pulvérisé dans la
cire nitrique, et j'obtins une gelée.

J'eus recours alors aux lumières de mon
célèbre confrère, M. Haüy, qui possédait quelques échantillons de la même
pierre bleue de Laach, que M. Cordier,
ingénieur des mines, lui avait donné, et
qu'il avait recueillie sur les lieux. M. Haüy
reconnut, dans un de ces morceaux, une
ébauche de cristallisation assez pronon-

cée pour lui faire apercevoir que cette
pierre avait le plus grand rapport avec
celle à qui ce savant minéralogiste avait
donné le nom de *pleonaste*, dans son
Traité de minéralogie, tom. III, pag. 17.
J'adoptai cette opinion dans un Mémoire
que je publiai sur les tuffas volcaniques
des environs d'Andernach, inséré dans
le tom. I.ᵉʳ, pag. 15 des Annales du Muséum d'histoire naturelle. J'avais cependant, à cause de la gelée que forme cette
pierre dans l'acide nitrique, une propension à la regarder comme rapprochée
du lazulite, et sa belle couleur me faisait pencher pour cette opinion.

Depuis cette époque, M. *Bruun-Neer-
gaard*, danois, possesseur d'un très-
riche cabinet d'histoire naturelle, à Paris, minéralogiste très-instruit et qui a
beaucoup voyagé, nous a appris, dans
un Mémoire inséré dans le Journal des
mines, 1807, lu le 25 mai de la même
année à l'institut, que M. l'abbé Gismondi découvrit la même substance
bleue, *près du lac Nemi*, dans les montagnes du Latium, non loin de Rome,
et qu'il lui donna le nom de *Latialite*,
dans un Mémoire qu'il lut en 1803, à
l'académie des *lincei*. M. Neergaard nous
apprend aussi *qu'il lui paraît hors de
doute qu'on trouve aussi ce minéral à
la Somma.*

Enfin, après diverses observations phy-

siques et chimiques sur cette substance,
M. Neergaard la considéra comme nouvelle, changea le nom de *latialite* (tiré
du *Latium*, ou M. Gismondi l'avait trouvée), et lui substitua celui de *haüyne*,
comme un juste hommage rendu au savant minéralogiste Haüy. M. Vauquelin se
chargea de l'analyse de ce minéral, que
M. Neergaard lui remit, et je la transcris ici, parce qu'elle peut servir plus
que tout à répandre des lumières sur ce
sujet, que je ne considère pas comme
parfaitement éclairci encore.

Analyse de la haüyne.

1. Silice 30
2. Alumine 15
3. Sulfate de chaux . 20, 5
4. Chaux 5
5. Potasse 11
6. Fer oxidé 1
7. Hydrogène sulfu-
   ré , quantités indé-
   terminées; perte. . 17, 5
   ————
   100, 0

M. Vauquelin accompagne son analyse des conclusions suivantes:

« Le minéral avec lequel la *haüyne*,
» paraît avoir le plus d'analogie, est le
» *lazulite*; il contient, comme celui-
» ci, de l'*alumine*, de la *silice*, de la

» chaux, du *sulfate de chaux*, de l'*hy-*
» *drogène sulfuré*, de l'*alkali* et de
» l'*eau;* mais ce n'est pas la même es-
» pèce d'alkali qui se trouve dans ces
» deux pierres; ici c'est la potasse, et
» dans le lazulite, c'est la seconde. Aussi
» les proportions dans lesquelles la si-
» lice, la chaux sulfatée et la chaux, se
» trouvent dans ces deux pierres, sont
» bien différentes ».

J'ignore si la différence entre l'alkali de
la potasse et celui de la soude, est assez
tranchante pour rompre l'analogie de
deux minéraux qui renferment les mêmes
élémens; mais je sais que j'aurais desiré,
en mon particulier, qu'on eut honoré du
nom de M. Haüy un minéral plus mar-
quant, mieux prononcé, et surtout d'une
belle forme crystalline : ce juste hommage eut été plus en rapport avec le savant distingué, qui a fait un emploi si
utile des formes pour l'avancement de
la science dans laquelle il excelle.

10. ———— *Pierres-ponces légères d'un blanc-grisâtre,*
au milieu desquelles on trouve des nœuds
plus ou moins gros de verre volcaniques
noirs, de véritables obsidiennes.

De Ténériffe; M. Bory de Saint-Vincent et M. Bailly, m'en ont donné de
fort beaux échantillons.

On trouve la même à Lipari.

11. ———— *Pierre d'un gris foncé, quelquefois un peu*
brunâtre, plus pesante que les précédentes,

jetant quelques étincelles lorsqu'on la frappe avec le briquet, à bulles allongées dont la direction est dans un seul et même sens.

De Lipari.

Cette variété de pierre-ponce entre dans le commerce et sert particulièrement pour l'art du chapelier.

12. ———— *Pierre-ponce d'un blanc argenté, disposée en petites écailles ou lamelles.*

De Lipari.

Cette variété est un peu moins légère que les pierres-ponces blanches ordinaires, mais elle se trouve parmi les autres et a les mêmes principes chimiques.

ONZIÈME CLASSE.

*Des soufres et des diverses substances salines,
sublimées dans les volcans et dans les
solfatarres.*

§ . I.ᵉʳ *Soufres.*

1. Soufré en croûtes solides, en globules, en stalactites, en tissu filamenteux.
2. Sublimé en poussière.
3. En cristaux.
4. Déposé dans quelques laves cellulaires. *Se trouvent
au Vésuve, à la Solfatarre, etc.*
5. En petites parties solides, brillantes, un peu la-
melleuses, d'une couleur vive. *Au milieu de la
lave compacte basaltique de l'ile-de-Bourbon.*

§. I I. *Sels.*

1. Sulfate de potasse.
2. Sulfate de soude.
3. Sulfate d'alumine.
4. Sulfate de magnésie.
5. Carbonate de soude.
6. Muriate de soude, en cubes, en filamens, en efflo-
rescence.
7. Muriate d'ammoniaque, en rhombes, en dodécaèdres, coloré par le fer en jaune brillant, imitant
la topaze.

§. III. *Sels pierreux.*

1. Sulfate de chaux ou gypse.
2. Carbonate de chaux.

§. IV. *Métaux.*

1. Muriate de cuivre en petits cristaux déliquescents.
2. Sulfate de fer.
3. Sulfure de fer.
4. Sulfure d'arsénic, rouge, jaune.

DOUZIÈME CLASSE.

Du fer des volcans, de son union avec le titane, et de ses diverses combinaisons dans les laves.

OBSERVATIONS.

Je publiai en 1784 une Minéralogie des volcans, à une époque où cette branche de l'histoire naturelle ne faisait, pour ainsi dire, que de naître, ce qui est cause que cet ouvrage, je ne saurait trop le répéter, ne doit être considéré à présent que comme une ébauche imparfaite, mais qui devenait necessaire alors ; je sentais déjà combien il était important de réveiller l'attention des minéralogistes sur la grande quantité de fer qui accompagne ordinairement les produits des feux souterrains.

J'insistai plus d'une fois sur la propriété magnétique que le fer a conservé dans cette circonstance, lorsque aucun agent ne l'a altéré, ainsi que sur la polarité très-distincte de plusieurs laves compactes (1).

J'attribuai la naissance des géodes ferrugineuses

(1) Minéralogie des volcans, page 1.

qu'on trouve en si grande abondance dans plusieurs *tuffas* volcaniques, et dont quelques-
unes ont une tendance à passer à l'état d'hématite,
à l'oxidation du fer attirable des laves, par les
fumées et autres substances gazeuses qui s'élèvent
dans les embrâsemens souterrains, et je considé-
rais la formation de ces géodes comme due au
fluide aqueux, dans les volcans sous-marins, ou
dans les laves boueuses que vomissent quelquefois
les volcans modernes (1).

Le fer en état de sublimation dans quelques
laves, me mit dans le cas de rapporter des faits
qui démontrent que l'art dans nos fourneaux de
fusion imitait quelquefois la nature en subli-
mant le fer et en lui conservant son éclat métallique (2).

Enfin le fer octaèdre attirable qu'on trouve
parmi les sables volcaniques du ruisseau d'*Expailly* en Vélai, avec des saphirs, des zircons
et des grenats, que j'avais observé plusieurs fois
en place, me mit à portée de le comparer avec
celui de *Léonédo*, dans le Vicentin, où le fer
est dans un état semblable, et accompagné des
mêmes pierres gemmes (3).

(1) Minéralogie des volcans, pag. 243.
(2) *Id*. pag. 228, 29, 30, 31 et 32.
(3) *Id*. pag. 221 et 222.

A cette époque, la substance métallique à laquelle on a donné le nom de *titane*, n'était point connue, la découverte n'en ayant pas encore été faite.

En visitant en 1805 le volcan éteint de *Beaulieu*, à cinq lieues d'Aix, dans le département des Bouches-du-Rhône, j'y reconnus une grande et belle coulée de lave si abondante en fer lamelleux, mélangé de fer octaèdre attirable, qu'on le voyait briller de toute part lorsque le soleil frappait dessus; le fond de la lave est composé d'une substance minérale d'un blanc-jaunâtre, demi-transparente, disposée en grains entrelacés parmi des cristaux informes de la même substance, striée dans quelques parties. Si l'on observe les cassures fraîches de cette lave avec la loupe, on y distingue quelques pores ronds ou oblongs, qui paraissent être le résultat de l'action du feu. Le fer attirable se trouve abondamment disséminé entre les grains et les cristaux fibreux de cette singulière lave, qui en est tellement surchargée, qu'elle en paraît noire à une certaine distance. J'avais reconnu, plusieurs années auparavant, sur la partie la plus élevée du mont *Meissner*, dans le pays de Hesse-Cassel, une lave analogue à celle-ci, quand aux substances et au fer : elle était un peu plus striée et beaucoup plus poreuse; elle n'existait, au mont *Meissner*, qu'en gros blocs arrondis et isolés, au-dessus d'autres laves terreuses; tandis qu'à *Beaulieu* cette lave y est en place et occupe un assez grand espace.

J'avais au premier abord considéré la base de cette roche volcanisée, inconnue jusqu'alors, comme composée de feld-spath granuleux, de feld-spath écailleux, et de feld-spath strié; mais en y regardant de plus près, je reconnus que sa structure ne cadrait point avec celle de cette substance pierreuse, et que sa pesanteur, abstraction faite de celle du fer, différait considérablement de celle des feld-spaths.

Ce fut donc pour m'assurer, d'une manière bien positive, de ses principes constituans, que je priai M. Vauquelin de vouloir bien se charger de faire l'analyse de cette substance minérale dont j'avais rapporté de fort beaux échantillons.

Ce célèbre chimiste eut la complaisance de me dire qu'il se chargerait avec d'autant plus de plaisir de ce travail, que la composition de cette roche volcanisée lui paraissait, ainsi qu'à moi, très-remarquable.

Le temps qu'exige une analyse faite avec beaucoup de soin, et surtout un long voyage que je fus obligé de faire dans cet intervalle, ne me permirent de recevoir le travail de M. Vauquelin que le 27 du mois de novembre 1807. Je me proposais de le publier dans les Annales du Muséum d'histoire naturelle, comme un complément au Mémoire que j'avais déjà donné sur le volcan

41*

éteint de *Beaulieu*, dans le tome VIII du même recueil; mais des occupations qui me survinrent encore, me forcèrent de différer cette publication.

C'est pour l'exactitude des faits et pour fixer l'époque du travail de M. Vauquelin, autant que pour mettre cette lave à la place qui lui convient, que je transcris ici la conclusion qu'il en tira, car l'analyse complète occuperait un trop long espace.

« D'après les résultats de mes essais (dit l'ex-
» cellent et modeste chimiste), il est évident que
» la substance minérale qui m'a été remise par
» M. Faujas, pour en faire l'analyse, et qui a été
» recueillie par lui sur le volcan éteint de *Beau-*
» *lieu*, dans le département des Bouches-du-
» Rhône, contient, 1.º de la silice; 2.º de l'alu-
» mine; 3.º de la chaux; 4.º du fer; 5.º du titane;
» 6.º quelques traces de manganèse; que le titane
» s'y trouve dans deux états de combinaisons,
» l'un avec le fer formant le *titane ferruginé* ou
» le *menacanite* des minéralogistes; l'autre avec
» de la chaux, de la silice et un peu de fer for-
» mant le *titanite siliceo-calcaire ferrifère* ».
A Paris, le 27 novembre 1807. VAUQUELIN.

M. Cordier, ingénieur des mines, qui honore par ses talens l'école de Dolomieu, dont il était l'élève et l'ami, et avec lequel il avait fait plusieurs voyages, s'est occupé avec succès et intelli-

gence d'une suite de recherches sur le fer uni au
titane dans les produits volcaniques, où il est
ordinairement accompagné d'un peu de manganèse. Les amis de la minéralogie des volcans, ne
peuvent que savoir gré à M. Cordier de toutes les
recherches qu'il a faites sur les lieux, des analyses
nécessaires pour démontrer que le fer titané est
celui qu'on trouve le plus abondamment unis aux
laves dans les volcans anciens et modernes.

Le fer des volcans existe en grains plus ou
moins fins, ou en petits cristaux plus ou moins
parfaits dans les laves pierreuses granitiques et
porphyritiques, ainsi que dans plusieurs autres
variétés de laves, où on le reconnaît soit à l'œil
nu, soit à l'aide de la loupe, et plus certainement
encore en faisant usage du barreau aimanté, après
avoir réduit en poussière dans un mortier d'a-
gate, quelques-unes de ces laves qui en paraissent
dépourvues.

Il existe une variété de fer titané, abondant
dans quelques laves compactes, qui se présente
sous une livrée propre à induire en erreur, si
son extrême propension à s'attacher au barreau
aimanté ne l'avait fait reconnaître. Sa couleur
très-noire, son éclat brillant, ainsi que sa cassure
le rapprochent si fort de l'obsidienne ou du pyroxène réduit en fragmens, que sans son avidité
pour l'aimant, on aurait pu rester long-temps
sans le reconnaître.

J'en présentai, il y a plus de huit ans, divers échantillons en grains irréguliers brillans, à MM. Fourcroy et Vauquelin, qui furent fort étonnés de voir le fer dans cet état, et il fallut le soumettre à l'action de l'aimant, pour les convaincre que c'était du fer; ils en réduisirent en poussière plusieurs fragmens, qui ayant été jetés dans de l'acide muriatique, entrèrent bientôt en état de dissolution presque complète. A cette époque cette substance, d'une teinte noire-bleuâtre, analogue à celle de l'acier bruni, ne fut pas analysée, et je la considérai comme une modification particulière que le fer avait éprouvé par l'action des feux volcaniques.

Ce fer vitreux des laves se trouve le plus souvent en fragmens irréguliers plus ou moins gros, rarement en cristaux, j'entends de celui qui est d'un noir brillant. Je le considère chimiquement et minéralogiquement comme le même que celui qu'on trouve en si grande abondance et toujours cristallisé dans le ruisseau d'*Expailly* en Vélai, ainsi que celui de *Léonédo*, dans le Vicenfin; mais dans ces deux gisemens, le fer octaèdre titané est terne, tant à l'extérieur que dans les cassures : cette différence d'aspect peut bien ne tenir qu'à une cause accidentelle; mais puisqu'elle existe, il est bon de l'indiquer.

On trouve aussi dans les interstices de certaines laves compactes ainsi que dans les cellules de quelques laves poreuses du fer spéculaire, dont l'aspect métallique est d'un brillant d'acier poli; il est disposé en paillettes, quelquefois en grandes lames, ou plutôt en cristaux très - aplatis dont les bords sont disposés en petits biseaux. Lorsqu'on pulvérise ce fer, on en obtient une poussière rouge : le fer spéculaire des volcans est le résultat de la sublimation de ce métal par l'action du feu (1). Cette espèce de fer n'est pas alliée comme l'espèce précédente avec le titane.

Comme le fer est abondant en général dans les laves, ce métal a dû éprouver diverses combinaisons dans les laboratoires volcaniques; ainsi, lorsque l'activité des feux souterrains s'est portée sur des substances minérales qui contenaient du phosphore, ce fer est passé à l'état de phosphate, dans les parties où ce dégagement a eu lieu ; de là cette teinte bleue de lavande qui s'est manifestée sur quelques laves qu'on trouve disséminées dans le cratère de Mont-Brul en Vivarais, et autres lieux : de là ce phosphate de fer azuré terreux qui tapisse les cavités de quelques laves poreuses de *Capo-di-Bove*, en Italie, du *Val-di-Noto*, etc.

Le soufre s'unissant, dans quelques cas particuliers au fer, a formé des sulphures.

Enfin l'on trouve souvent au Vésuve, à l'Ethna,

_____

(1) *Vid.* Spallanzani, Voyage dans les Deux-Siciles, tom. II de la Traduction française de M. Toscan.

au mont Hécla, et sur les parois des cratères formés par ces volcans en activité, du muriate de fer
et des fers oxidés, avec les couleurs propres aux
divers degrés d'oxidation que ce métal a éprouvés;
je termine ces observations, par le tableau des
principales modifications du fer dans les produits
volcaniques, et la désignation des lieux plus remarquables où l'on peut les reconnaître.

Fer uni au titane.

Fer titané.

1.° Fer titané en cristaux octaèdres d'un noir
foncé, brillant, fortement attirables.

A Chenavari, à Roche-Maure, à Roche-Sauve,
en Vivarais, à Valmaargue, à une lieu de Montpellier.

2.° *Id.* En cristaux octaèdres, attirables, mais
dont la surface, ainsi que les cassures, sont ternes
et d'un noir moins intense.

Parmi les sables volcaniques du ruisseau d'*Expailly*, où l'on trouve les saphirs, les zircons et
les grenats; à *Léonédo*, dans le Vicentin où
les mêmes gemmes accompagnent le même fer.

3.° Fer titané, d'un noir intense, en fragmens
brillans et comme vitreux, ayant un reflet semblable à celui de l'acier bruni, particulièrement

lorsque la lumière du soleil le frappe , très-atti-
rable, sautant même sur le bareau aimanté à plus
de deux lignes d'éloignement.

A Chenavari.

A Rignas.

A Roche-Maure.

A Roche-Sauve.

A la Chamarelle et dans plusieurs autres lieux
du département de l'Ardèche.

Dans diverses laves de l'Auvergne.

A Monferier et à Valmaargue, près de Mon-
pellier (1).

Et dans plusieurs autres laves des volcans éteints
et des volcans en activité.

4.°. Fer spéculaire, en grandes lames, en petite lames brillantes, d'un aspect métallique et de
couleur d'acier poli.

Au Vésuve.
A Stromboli.
A Jaci-Réale.
A Monterosso. } En Italie.

Au Cap-de-Gates , en Espagne.

Au Pui-de-la-Vache, au Pui-Corent, au Pui-

_____

(1) M. Deserres, avec lequel j'ai eu le plaisir de visiter
ce volcan, en a fait mention dans la description qu'il a
donnée de ce fer vitreux, et il y a découvert le premier la diallage verte qui n'avait point encore été trouvée
dans les laves.

Chopine, au Mont-d'Or, à Volvic, en Auvergne.

5.° Fer phosphaté, azuré, en poussière bleue, dans les cavités de quelques laves, colorant quelquefois des laves poreuses, et même certaines laves compactes d'un bleu de lavande, en petites écailles.

A Capodi-Bove.
A l'Ethna.   } En poussière bleue.
Au Val-Dinoto.

A la Bouiche, près de Néris, département de l'Allier, en petites lames.

Dans le cratère de Mont-Brûl, en Vivarais, d'une teinte de lavande; cette couleur due au fer phosphaté rend ces laves, qui ne sont pas très-communes, agréables à l'œil.

6.° Fer sulfuré. On trouve dans quelques laves compactes, des points brillans pyriteux dus à une combinaison du soufre et du fer; comme on trouve du soufre natif dans quelques laves basaltiques du volcan de l'île de Bourbon, on sera moins étonné de voir des pyrites dans quelques laves: elles sont rares, à la vérité, mais le fait n'en est pas moins certain. Ceux qui s'étonneraient de ce que les feux volcaniques n'ont pas détruit ces substances inflammables, voudront bien se rappeler ce que j'ai dit du peu d'action du feu toutes les fois qu'il agit sous une force compressive, qui ne permet le dégagement d'aucun gaz.

On trouve quelques laves compactes avec des

points pyriteux, dans le courant de la *Chama-rellc*, à peu de distance de Villeneuve-de-Berg, département de l'Ardèche, dans les environs de Glascow, et dans les monts Euganeens.

7.° Fer oxidé. Presque toutes les laves en dé-composition produisent des oxides de fer, dont les uns ont donné naissance à des sédimens ocreux, d'autres à des géodes, quelques-uns à des espèces d'hématites.

On trouve de ces sortes d'oxides de fer, dans les tuffas volcaniques de Roche-Sauve et dans ceux d'Andance en Vivarais; dans les tuffas des envi-rons du château de la Cascade, à une lieue de Hesse-Cassel, et dans plusieurs autres tuffas.

8.° Fer muriaté. On trouve le fer combiné avec l'acide muriatique, au bord du cratere du Vésuve, de l'Ethna et des autres volcans en activité; il est coloré en jaunâtre, en jaune-clair, en jaune-brun : ce sel à base métallique, attire l'humidité de l'air.

9.° Sulfate de fer. Il se forme dans quelques grottes volcaniques et sur leurs parois, des sul-fates de fer. On en trouve à Vulcano.

APPENDICE

Sur quelques substances particulières, qu'on trouve dans les laves ou que les volcans ont rejetées.

1.º *Strontiane sulfatée* bleue; dans une lave poreuse de Montechio - Maggiore, dans le Vicentin:

2.º *Natrolithe* ou *zéolithe* jaune; dans une lave porphyroïde a cristaux de feld-spath, de *Hoen-Twiel*, près du lac de Constance.

3.º *Zéolithe* rose et blanche; dans les laves noires compactes ou poreuses de Hongrie, d'Auvergne, de Feroe et d'Ecosse.

4.º *Stilbite* d'Islande et d'Ecosse; dans des laves poreuses.

5.º *Zircon.* Parmi les sables ferrugineux d'Expailly, et dans une lave noire compacte des orgues d'*Expailly.* J'en possède un bel échantillon dans mon cabinet; on en trouve aussi à Léonédo., dans le Vicentin.

6.º *Spinelles noirs* (pleonastes); des volcans de Valmaargue, de Montferrier, et des bords du Lestz, près de Montpellier.

7.º *Diallage* verte en belles lames chatoyantes; dans une lave noire compacte du volcan de Valmaargue, près de Montpellier.

8.° *Iolithe* du cap de Gathes, en Espagne.

9.° *Latialithe* (de M. Gismondi); des environs de Rome, dans une lave porphyroïde à grands cristaux d'amphigene, dans une pierreponce de l'abbaye de Laac, près d'Andernach, et dans une lave noire d'Auvergne.

10.° Idocrase,
11.° Nepheline,
12.° Meyonite,
13.° Tourmaline.
⎫
⎬
⎭
Dans une roche micacée, qui est rejetée par le Vésuve, mais qui a peu souffert de l'action du feu.

14.° *Chaux phosphatée;* dans une lave poreuse légère, du cap de Gathes, en Espagne.

Observations sur les laves altérées et sur celles qui sont entièrement décomposées.

Après avoir terminé la classification des produits volcaniques, tout ce qui a rapport à l'altération et à la décomposition des laves, devrait trouver naturellement sa place ici; mais ayant donné à cette partie, dans ma Minéralogie des Volcans, chap. XIX, pag. 374, tout le développement que comportait ce sujet, et n'ayant rien à y ajouter ni à y retrancher, je renvois à ce livre afin de ne pas me répéter, et afin d'éviter d'étendre davantage cette classification qui ne me paraît déja que trop longue, malgré toutes les peines que j'ai cru devoir prendre pour la resserrer.

Je sentais depuis long-temps que les bases propres à l'avancement de la géologie, nécessitaient un travail particulier, méthodique et analogue à l'état actuel de nos connaissances chimiques et minéralogiques, relativement à cette suite nombreuse et variée de tant de produits des incendies souterrains, dont plusieurs, cachés sous le voile de la volcanisation, sont très-difficiles à déterminer avec justesse et précision.

C'est ce qui m'a engagé à suivre avec zèle et constance, malgré les dégoûts qui accompagnent un sujet aussi aride, la tâche difficile que je m'étais imposée, et que je viens enfin de terminer, en réclamant l'indulgence de ceux qui voudront bien prendre la peine de lire en entier cette classification, dans la distribution de laquelle j'ai fait tout ce qui était en mon pouvoir pour la rapprocher le plus que possible de la méthode naturelle.

J'ai été d'autant plus excité à vaincre les obstacles qui se présentaient pour ainsi dire à chaque pas, que ce travail n'est pas même ébauché dans les ouvrages de minéralogie des auteurs les plus modernes qui ont évité le but ou qui s'en sont entièrement écartés, parce qu'ils n'avaient pas pris la peine d'en faire une étude approfondie.

Il me reste, pour terminer entièrement cette classification des produits volcaniques, à dire un mot au sujet des laves altérées, décomposées, ou

de celles qui ont éprouvé des modifications de
plus d'un genre; sans préjudice du renvoi que je
fais à l'ouvrage cité ci-dessus, dans lequel j'ai
traité amplement cette question. Je ne trace ici
que quelques faits propres à mettre sur la voie,
ceux à qui cette espèce de métamorphose des produits volcaniques, ne serait pas suffisamment
connue.

L'altération et la décomposition dont il s'a-
git, tiennent essentiellement au dégagement des fumées acides sulfureuses et aux autres émanations
gazeuses, qui s'élèvent avec tant de profusion des
volcans en activité, et des terrains effervescens et
intérieurement embrâsés, connus sous le nom de
solfatarres. Ces gaz, en raison de leurs action soutenue de leurs principes, simples ou composés, de
leurs mélanges avec l'hydrogène ou avec l'oxigène,
du degré plus ou moins constant du calorique qui
les tient dans l'état élastique, et de la plus ou moins
grande continuité de leurs émissions, ainsi que des
causes physiques qui les accompagnent, donnent
naissance à diverses combinaisons qui altèrent,
modifient ou dénaturent le mode de leur formation première.

Le fer, si généralement répandu dans toutes les
laves, et qui s'y trouve uni presque toujours au
titane, et à un peu de *manganèse*, est le métal
qui cède avec la plus grande facilité au pouvoir
des émanations acides; il résulte de là, que pas-

sant par tous les différens degrés d'oxidations; il
se pare de toutes les nuances de ton et de couleur qui tiennent à cette singulière propriété de
l'oxigene; et c'est ce qu'on remarque dans cette
diversité de couleur dans les laves qui entourent
les cratères et les fentes des Solfatarres.

Ces mêmes vapeurs se combinant ensuite avec
le fer, donnent naissance à des sulfates que la surabondance d'eau dissout et entraîne. Bientôt les
laves, tant poreuses que compactes, deviennent
blanches, perdent une partie de leur force de
cohésion, ainsi que leur magnétisme. Déjà elles
ne seraient plus reconnaissables pour un œil non
exercé, particulièrement si on les observait dans
les cabinets.

Le gaz acide sulfureux, continuant à agir sur
ces laves, ne trouvant plus le fer, se fixe sur la
terre alumineuse, et à l'aide d'un peu de soude,
convertit cette terre en alun; mais l'eau bouil-
lante qui accompagne ces émanations, dissout
ce sel et l'emmène avec elle. Le même acide
ne trouvant plus dans la lave décomposée que la
terre quartzeuse et un peu de chaux, s'unit à cette
dernière pour former des croûtes gypseuses. Enfin, la terre quartzeuse inattaquable aux acides
restant à nu, et se trouvant plus ou moins atté-
nuée, est à son tour entraînée par l'eau; c'est ainsi
que par une chimie aussi simple que grande, les
substances qui ont servi à l'aide des feux souter-

rains, à former de vastes et épaisses coulées de laves d'une grande dureté, resteraient à jamais enchaînées par les liens de la vitrification, si la nature, par un moyen aussi simple que prompt, n'avait le pouvoir de les reprendre pour les livrer à de nouveaux agens et en former des combinaisons d'un autre ordre, comme si elle cherchait à nous faire voir par-là, que ses ressources sont véritablement inépuisables, que tout se modifie, mais que rien ne se perd et encore moins ne s'anéantit.

Cette faible esquisse de l'altération et de l'entière décomposition des produits volcaniques, est suffisante pour donner une idée approximative de ce phénomène à ceux qui n'ont pas été à portée de l'observer sur les lieux : cette marche de la nature se modifie en raison des circonstances et de la durée du temps employé à cette merveilleuse opération.

Il existe aussi quelques cas particuliers où l'oxigène de l'air altere à la longue la couleur de certaines laves, sans porter atteinte à leur dureté. J'ai rapporté ces faits auxquels je renvoie à la page 374 de ma Minéralogie des volcans; et je termine ici la Classification des produits volcaniques.

TABLEAU SYNOPTIQUE

DE LA MINÉRALOGIE DES VOLCANS.

PREMIÈRE CLASSE.

Des laves considérées relativement à leurs formes et à leurs modifications extérieures.

Ire DIVISION.

Laves compactes, noires, homogènes, informes.

1 A grain fin.
2 A grain rude.
3 A contexture écailleuse.

IIe DIVISION.

Laves compactes, homogènes, prismatiques, à trois, à quatre, à cinq, à six, à sept, à huit et à neuf pans.

En prismes d'un seul jet.
2 En prismes coupées transversalement.
3 En prismes articulés,
4 En prismes comprimés latéralement.
5 En prismes arqués.

IIIe DIVISION.

Laves avec des angles et des faces d'une régularité si apparente qu'elles ont un faux aspect de cristallisation.

1 En pyramides tétraèdres:

2 En pyramides quadrangulaires.
3 En pyramides aplaties, etc.

IV.ᵉ DIVISION.

Laves en tables.

1 En tables épaisses.
2 En tables minces.

V.ᵉ DIVISION.

Laves en boules.

1 En boules solides.
2 En boules à couches concentriques.
3 En boules creuses.

VI.ᵉ DIVISION.

Laves en larmes,

DEUXIÈME CLASSE.

Laves poreuses.

I.ʳᵉ DIVISION.

Laves poreuses pesantes.

1 A grands pores oblongs.
2 A grands pores irréguliers.
3 A pores moins grands.
4 A petits pores ronds et oblongs.
5 Prismatique et triangulaire à pores oblongs et irrégu-
    liers.

42*

II. DIVISION.

Laves poreuses légères.

1 A pores ronds.
2 A pores oblongs.
3 A pores irréguliers, contournés.
4 A pores croisés.
5 A pores striés.

TROISIÈME CLASSE.

Laves scorifiées.

1 Torses.
2 Disposées en cables.
3 En rubans.
4 En grappes.
5 En manière de stalactites.

QUATRIÈME CLASSE.

*Laves considérées relativement à leurs prin-
cipes constitutifs, c'est-à-dire d'après la
détermination des roches diverses qui leur
ont donné naissance.*

I.re DIVISION.

Laves granitoïdes.

PREMIÈRE SECTION.

Laves granitoïdes à gros grains.

DEUXIÈME SECTION.

Laves granitoïdes à grains fins.

TROISIÈME SECTION.

Laves granitoïdes schisteuses.

CINQUIÈME CLASSE.

Laves porphyroïdes.

PREMIÈRE SECTION.

Laves porphyroïdes avec des cristaux de feld-spath.

SECONDE SECTION.

Laves porphyroïdes avec du feld-spath et du mica.

TROISIÈME SECTION.

Laves porphyroïdes avec du feld-spath et du pyroxène.

QUATRIÈME SECTION.

Laves porphyroïdes avec des cristaux de pyroxène noir, et de petits grains de pyroxène vert.

CINQUIÈME SECTION.

Laves porphyroïdes avec de l'hornblende (amphibole de M. Haüy) et du feld-spath.

SIXIÈME SECTION.

Laves porphyroïdes avec de l'hornblende seule.

Laves porphyroïdes avec de l'hornblende et du péridot granuleux (chrysolithe des volcans).

Laves porphyroïdes avec des cristaux d'amphigène (leucite de Werner).

Lave porphyroïde à cristaux d'amphigène, avec des points et des linéamens d'une substance bleue qui rappelle l'idée du saphir, et mieux encore de celle du lazulite.

SIXIÈME CLASSE.

Des laves variolitiques.

SEPTIÈME CLASSE.

Des laves feld-spathiques, dont la base est de feld-spath compacte.

HUITIÈME CLASSE.

Des laves amygdaloïdes.

Laves amygdaloïdes à globules calcaires.

Laves amygdaloïdes avec des globules de zéolithe (mesotype de M. Haüy).

TROISIÈME SECTION.

Laves amygdaloïdes à globules de stilbite.

QUATRIÈME SECTION.

Laves amygdaloïdes à globules d'analcime.

CINQUIEME SECTION.

Laves amygdaloïdes avec de la sarcolithe.

*Laves amygdaloïdes avec zéolithe, analcime trapé-
zoïdale, spath calcaire cuboïde, et strontiane sulfatée coloree en bleu clair.*

SIXIÈME SECTION.

Laves amygdaloïdes avec chabasie.

SEPTIÈME SECTION.

*Laves amygdaloïdes à globules de quartz calcédo-
nieux.*

A globules de calcédoine enhydre.

*Des substances calcédonieuses et quartzeuses dues à
des infiltrations.*

APPENDICE.

Des chrysolites ou péridots granuleux des volcans.

NEUVIÈME CLASSE.

Des brèches et des tuffas volcaniques.

PREMIÈRE SECTION.

Brèches volcaniques formées de fragmens plus ou moins anguleux de diverses espèces de laves, saisis et enveloppes par d'autres laves en etat de fusion.

SECONDE SECTION.

1.° *Brèches volcaniques formees par le concours simultané du feu et de l'eau portée à un haut degré d'incandescence.*

2.° *Brèche volcanique formée d'une multitude de fragmens plus ou moins gros de véritable verre volcanique d'un noir foncé, réunis par du spath calcaire.*

TROISIÈME SECTION.

Tuffas volcaniques, proprement dits, formés de détritus de diverses espèces de laves granuleuses, pulvérulentes ou terreuses, variant de couleur en raison de leurs différens degrés d'oxidation.

1.° *Formes par le concours du feu et de l'eau*
2.° *Formés par des projections de laves pulvérulentes.*
3.° *Déposés dans la mer, remanies ensuite par les courans, et melangés avec des coquilles et autres productions marines et même terrestres.*

QUATRIÈME SECTION.

De quelques substances organiques animales et végetales, qui ont eté trouvees dans les tuffas volcaniques.

Des défenses et des dents mollaires d'éléphans.

Des dents et des ossemens fossiles de crocodiles.

CINQUIÈME SECTION.

Des coquilles et autres productions marines.

SIXIÈME SECTION.

Des madrépores dans les tuffas.

SEPTIÈME SECTION.

Des bois changés en charbons.

HUITIÈME SECTION.

Des bois passés à l'état de pechstein ou pierre de poix.

§. I.er

Pechsteins ligneux ou bois siliceux passés à l'état de pechstein.

§. II.

Silex passés à l'état de pechstein.

§. III.

Pechsteins porphyres.

DIXIÈME CLASSE.

Des émaux, des obsidiennes et autres verres volcaniques.

§. I.er

Des émaux.

§. II.

Des obsidiennes ou verres volcaniques.

§. III.

Des pierres-ponces.

ONZIÈME CLASSE.

Des soufres et des diverses substances salines, sublimés, dans les volcans et dans les solfatarres.

§. I.er

Soufres.

§. II.

Sels.

DOUZIÈME CLASSE.

Du fer des volcans, de son union avec le titane, et de ses diverses combinaisons dans les laves.

FER TITANÉ.

APPENDICE.

Sur quelques substances particulières qu'on trouve dans les laves, ou que les volcans ont rejetées.

Observations sur les laves altérées et sur celles qui sont entièrement décomposées.

DES VOLCANS BRULANS.

OBSERVATIONS.

Il nous manque un ouvrage spécialement con-
sacré aux recherches et à la connaissance exacte
des volcans en activité, plus nombreux qu'on ne
le croit ordinairement, et qu'il faudrait placer
sous les latitudes qui leurs sont propres.

Ce travail si important pour la géographie physique et non moins intéressant pour la géologie,
si on voulait le faire avec toute l'exactitude et la
sévère précision que comporte un semblable sujet, présenterait plus d'une difficulté, même à
ceux à qui il pourrait paraître très-facile.

Compulser indistinctement et sans choix la
masse des voyages; traduire, extraire ou com-
piler ce qu'ils ont écrit en se copiant souvent
les uns les autres, est un travail mécanique
qui peut être à la portée de beaucoup de monde;
mais peser la confiance que méritent ces voyageurs, éclairer le résultat de leur observation par
le flambeau d'une saine critique, suppléer par les
observations les plus modernes faites sur tel ou tel

point, ce qui manque à d'autres bons voyageurs qui
n'ont pas été dans les circonstances favorables pour
déterminer avec la même précision les véritables
latitudes ; bien distinguer par le témoignage des
auteurs anciens les plus dignes de foi, les volcans
définitivement éteints d'avec ceux qui ne sont que
dans un é at de calme passager et pour ainsi dire
périodique, n'est pas l'ouvrage d'un homme qui
n'aurait pas été préparé à des recherches de ce
genre par des études préliminaires qui exigent
de l'aptitude, de l'application et de la persévé-
rance.

Un naturaliste estimable, qui avait senti la nécessité de l'ouvrage en question, dont j'ai si souvent
désiré l'exécution, et que j'avais même provoqué
dès 1778 par une sorte d'ébauche très-imparfaite
que j'avais publiée à ce sujet (1), M. Ordinaire,
ancien chanoine à Rioms, saisit très-bien cet idée,
et pendant un séjour assez long qu'il fit en Angleterre, ce savant publia en anglais un ouvrage inte-
ressant sur les volcans, dans lequel il consacra une
section pour les volcans en activité. A son retour
en France, M. Ordinaire fit imprimer à Paris,
en 1802, chez M. Levrault, le même ouvrage en
francais avec des additions ; il consacra vingt-sept

(1) Histoire naturelle des Volcans éteints du Vivarais
et du Vélai, 1778, in-fol. fig., depuis la page 1.er jusqu'à la page 84.

pages de son livre qui a pour titre, *Histoire naturelle des Volcans*, eu un vol. in-8°., à faire
connoître d'après les auteurs, la liste des volcans
brûlans, tant dans les îles que dans les continens
de toutes les parties du monde, et enrichit son
ouvrage d'une carte indicative de ces volcans,
qui s'y trouvent désignés par des points colorés et
par les noms à côté. Mais les sources dans lesquelles M. Ordinaire a puisé, quoiqu'il y en ait
de très-bonnes, ne sont pas toutes de ce genre.
Kirker, Bruzen la Martiniere, Baudran lui-même
et quelques autres ne seront jamais des autorités
très-recommandables en fait de science naturelle.
D'ailleurs la carte qui rappelle et désigne ces volcans est sur une échelle beaucoup trop petite,
et plusieurs sont encore incertains, et quelques
uns de bien connus ont été oubliés; malgré cela
l'ouvrage de M. Ordinaire est très-estimable, et ses
intentions très-louables; la science lui a des obligations, il lui sera facile d'améliorer son travail ;
il a d'ailleurs l'avantage d'avoir cité ses autorités,
ce que n'ont pas fait beaucoup d'autres.

Un livre plus moderne encore que celui que je
viens de rappeler est celui de M. Robert Jameson ,
professeur d'histoire naturelle à Edinburg, qui a
publié des Elémens de géognosie ; il renferme dans
le tome III, pag. 335, une sorte de catalogue des
volcans brûlans, en quatre pages et demie ; c'est
une faible imitation, si ce n'est pas tout à fait

un extrait très-abrégé et très-superficiel de l'ouvrage de M. Ordinaire, dont il ne cite pas même le nom.

J'ai cru qu'à la suite de la classification systématique que je viens de publier sur les volcans éteints, un tableau simple mais exact des principaux volcans brûlans en activité pourrait intéresser ceux qui s'attachent plus particulièrement à cette branche importante, mais difficile, de l'histoire naturelle, une des bases fondamentales de la géologie.

Si ce tableau, qui ne doit être considéré que comme un simple *prodrôme*, que d'autres développeront un jour, peut avoir quelque mérite, il le devra en entier a la notice aussi exacte que savante sur les volcans du Pérou et du Mexique que je dois à l'amitié de M. le baron de Humboldt. Je me fais un devoir de lui en témoigner ici toute ma reconnaissance.

TABLEAU

DES PRINCIPAUX VOLCANS EN ACTIVITÉ.

EUROPE.

EN ITALIE. LE Vésuve. (Hamilton, Joenni, Ferber, Desmarêts, Deluc, Dolomieu, Tompson, Breislack, Saussure, Della-Tore, de Cubières, Robinson, etc.).

EN SICILE. L'Ethna. (Brindone, Saussure, Joenni, Dolomieu, Fortis, Spallanzani, Houell, etc.).

DANS L'ARCHIPEL. Stromboli, au nord-est de la Sicile. (Spallanzani, Fortis, Dolomieu, Houell, etc.).

Vulcano, près de Lipari. (Spallanzani, Fortis, Dolomieu, Houell, etc.).

Vulcanello. (Spallanzani, Fortis, Dolomieu, Houell).

Milo. (M. de Choiseul-Gouffier).

Santorin. (Hérodote, Strabon, Diodore de Sicile, Pline, le P. Richard, Tournefort, M. Choiseul-Gouffier, etc.).

EN ISLANDE. L'Hécla. (Vontroïl, Bancks, Olafsen et Povelsen, etc.).

Le Borgarhraum. (Olafsen et Po-velsen).

Le Katlegiaa, canton de Myrdal,(*id.*).

Le Sidajokul, (*id.*).

L'Orœfejokul, (*id.*).

Le Katlegiaa, (*id.*).

ASIE.

AU KAMTSCHATKA. L'Awatcha. (Kracheninnikow, dans l'ouvrage de l'abbé Chappe).

Le Tolbatchi. (Kracheninnikow et Lesseps).

Le Kamtchatkoi. (Kracheninnikow).

L'Opala, (*id.*)

Le Klutchi. (Lesseps).

ÎLES DU JAPON. Le Jesan, près de la ville de Nambu. (Thunberg, Kaempfer).

Ile du Volcan. (Lapeyrouse).

Iles Mariannes, (*id.*).

Iles Laronnes, (*id.*).

L'Assomption, (*id.*).

A SUMATRA. Plusieurs volcans appelés dans le pays *Goonang-Appée.* (Marsden).

A JAVA. L'Ambotismen. (Leschenaud).

MER DU SUD.

Tanna, l'une des nouvelles Hébrides. (Cook).

Tofô, près de l'île des Amis. (William Bligh).

Ile brûlante. (Lemaire, Schouten, Dampierre, etc.).

Ile Sesarga, l'une des Charlottes. (Cook).

OCÉAN PACIFIQUE.

Ile Mowée. (Wancouver).

AFRIQUE.

AUX ILES CANARIES. Ténériffe. (Humboldt, Cordier, Bory, Bailly).

Cahorra. (Labillardière).

ILE BOURBON. Le volcan de l'île Bourbon. (Bory, Hubert de l'île Bourbon, de Berth, Dupetit-Thouars).

DANS LA MER ROUGE. Zibbel-Teir. (Bruce).

DANS LA MER DES INDES. L'île d'Amsterdam. (Anderson, Georges Staunton).

AMÉRIQUE.

Volcans des Andes de la Cordillère et du Mexique, d'après les observations de M. de Humboldt.

Le volcan d'Arequipa, au Pérou, à 15 lieues de distance de la mer, lat. 16° 20′ australe.

(Les autres volcans, jusqu'au plateau de Quito, sont éteints sous les 2° de lat. australe).

Le volcan de Sangay ou Macas, élévation absolue, 2680 toises.

(Naguangachi et Janaurcu, anciens volcans adossés au Chimborazo, près de Calpt, 1700 toises).

Carguairazo éteint? écroulé, un reste de solfatarre, 2450 toises.

(On peut le considérer comme une bouche latérale du Chimborazo).

Cotopaxi.
Tungurahua.

(Jadis plus élevé que le Chimborazo).

Antisana, 3020 toises. M. de Humboldt l'a vu fumer.

Rucu-Pichincha, 2490 toises.

Guancamaya, à l'est de l'Antisaña, sur le chemin de Rio-Napo.

(M. de Humboldt l'a entendu rugir sans éruption ni fumée).

Volcans du plateau de la province de Los-Pastos; lat. 1° nord.

Chiles. M. de Humbolt l'a vu fumer. } Au-dessus de 2600 toises.

Cumbal.

Elazufral, une solfatarre plus basse.

Pasto, lat. 1° 13' à l'ouest de la ville de Pasto, plus de 1900 toises de hauteur.

(Tous les volcans, jusqu'à Popayan, sont éteints, 2° 26' nord).

Puracé. La bouche est à 2290 toises, l'élévation de la cime est de plus de 2400 toises.

Sotara, près de la ville de Popayan, plus élevé que *Puracé.*

(Tous les volcans jusqu'à l'Isthme, sont éteints, quoiqu'en dise la carte de la Crux).

Solfatarres, dans la Sierra de Santa-Martha, à 2200 toises, sur les côtes à l'est de Carthagène des Indes, à Cumacater, sur les côtes de Paria, à l'est de Cumana. On croit à l'Orénoque que le *Duida* (lat. 3° 11, long. 4° 33' 35"), près l'*Es-*

43*

maralda, est un volcan; mais cela est très-douteux, peut-être n'est-ce qu'une caverne qui dégage de l'hydrogène enflammé, comme la caverne de *Cumanacoa*, (province de Cumana), lat. 10° 6', long. 4° 25' 15".

Tous les volcans, depuis les 2° 26' jusqu'aux 10° sur les côtes de la mer du Sud, sont éteints; mais nulle part il n'y en a autant de réunis et en activité que dans le royaume de Guatimala, entre les 11° et 13° de latitude.

Barna, lat. 9° 6'.

Bambacho, lat. 11° 7' très-actif.

Papagallo, lat. 10° 50'.

Grenada, près du lac de Nicaragua.

Telica, près de Léon de Nicaragua, très-actif.

Momotombo, très-actif.

Viejo, lat. 12° 40', près de Rialexo.

San-Miguel et Cocivina, lat. 12° 52'.

Bosotlan, lat. 13° 20'

Troapa.

San-Vicente.

Sacalecoluca.

Apaneca.

Les deux volcans de *Hamilpas*, lat. 15° 3'.

Plus à l'est, le grand volcan d'*Atillan*.

San-Salvador.

Isalco, près de Sonzonate, 14°, très-riche en ammoniac et très-actif.

Guatimala, actif, le plus élevé de tous. Il conserve de la neige; donc qu'il a plus de 2300 toises.

Sacatepègue, actif.

Soconusco, lat. 15° 5'; plus près de la côte de la mer du Sud, il n'y a point de volcan, excepté celui de *Colima.*

ROYAUME DU MEXIQUE
(sur une même parallèle).

Pic d'Orizaba, ou Citlaltepetl, 2717 toises.

Popocatepetl, ou grand Volcan de Puebla, 2771 toises.

Jorullo, sorti de terre en 1759, hauteur absolue, 667 toises.

Colima, 1437 toises environ, au Sud de Véracrux.

Tustla.

Mont Saint - Elie, 2797 toises, d'après Malaspina.

Nota. Tous ces volcans de *Guatimala,* sont des cimes coniques; on n'a pas pu savoir lesquels sont totalement éteins, on n'a nommé que ceux qui sont indubitablement en activité.

La Guadeloupe. (L'Escallier, le colonel Faujas et Lerminier).

AMÉRIQUE MÉRIDIONALE.

Cargavi-Raso ou Carguayraso (don Ulloa).
Lucanas (don Ulloa).
Ligua, au Chili, non loin de Valparaiso (Biron).
Quechucabi (Biron).

SUPPLÉMENT.

GRANIT ORBICULAIRE DE CORSE;

Découverte du gisement de cette roche.

L'on a pu voir, page 186 de ces Essais de géologie, que ce fut en 1785 qu'on découvrit en Corse, sur une petite éminence disposée en plateau, dans la plaine du *Taravo*, un bloc isolé et arrondi, mais unique, du rare et singulier granit à cristallisation globuleuse, qui excita vivement la curiosité des naturalistes.

Si, d'une part, cette découverte intéressa les minéralogistes, de l'autre, les géologues comprirent très-bien qu'un bloc isolé d'une roche dont l'organisation avait un caractère si prononcé et si différent des autres roches, pouvait, si l'on parvenait à découvrir son gisement, donner des indications sur la distance qu'avait parcourue le bloc depuis sa place natale, jusques sur le sol où il avait été déposé en bloc arrondi.

Messieurs de Sionville, Barral, Dolomieu, et d'au-

tres naturalistes après eux, firent de longues et
vaines recherches pour découvrir le granit orbiculaire en place. On semblait y avoir renoncé,
et les morceaux du premier bloc, dispersés dans
les cabinets, devenaient de jour en jour plus rares;
on les portait a des prix élevés lorsqu'il en pa-
roissait quelques morceaux dans les ventes.

Dans le mois de mai 1809, c'est-à-dire 24 ans
après, M. Mathieu, capitaine d'artillerie, de rési-
dence en Corse, aussi distingué par ses talens mi-
litaires que par son goût pour les sciences naturelles, parcourant la montagne granitique escarpée
qui est à côté du village de *Sainte-Lucie*, à sept
lieues de distance de la place où fut trouvé le
premier bloc, fixa son attention sur une masse
saillante de roche entièrement recouverte de *lichens* et de *mousses* qui en cachaient les caractères extérieurs, mais une fente ou cassure accidentelle, ayant mis à découvert dans cette partie
la contexture intérieure de la pierre, M. Mathieu
fut agréablement surpris de reconnaître que cette
masse entière était de granit orbiculaire, semblable,
quand à la pâte, à la couleur et au système de
formation, au granit orbiculaire qui avait fait
l'objet de tant de recherches infructueuses; d'autres masses voisines les unes des autres, également
revêtues de vieux lichens et d'anciennes mousses,
faisant présumer à M. Mathieu qu'elles pouvaient
bien être de la même nature, il les attaqua avec

le marteau et les reconnut en effet comme appartenant au même granit orbiculaire. C'est aux trois quarts environ de la hauteur de la montagne de Sainte-Lucie, et sur un sol appartenant à M. *Jean-Paul Roccasserra*, que cette découverte a été faite.

Comme ici le point le plus important pour la géologie est de bien constater les gisemens de ce granit, afin qu'il ne reste aucune incertitude sur son adhérence à la roche sur laquelle il a pris naissance, il est nécessaire pour bien se faire entendre à ce sujet, de savoir que la montagne de Sainte-Lucie, est en général composée d'un granit grisâtre, formé de quartz, de feld-spath et de mica, et qu'elle est élevée de six cents pieds environ (1).

Nous supposerons que l'observateur est sur le sommet de la montagne où des blocs et des masses de granit gris sont a nu ; quelques unes sont

---

(1) Je tiens tous ces détails instructifs de M. Mathieu lui-même, que j'ai eu le plaisir de voir à son passage à Paris, lorsqu'il s'est rendu en Hollande où il a été appelé par ordre du ministre. Il a bien voulu me donner la position de la montagne de Saint-Lucie, en dessiner l'esquisse et marquer les places où se trouve assis le granit globuleux ; et c'est d'après son invitation et son agrément que je donne ici cette notice, pour servir de supplément à ce que j'ai dit du granit orbiculaire du Taravo.

saillantes et un peu altérées par le temps ; c'est
de ce point qu'on est censé partir comme si l'on
voulait descendre sur l'arête de la montagne qui
semble se diriger sur le village de *Sainte-Lucie*.

L'observateur parcourt sur la même roche granitique, dans laquelle il n'y a que du quartz,
du feld-spath, du mica et point d'amphibole, une
ligne verticale de cent soixante pieds environ
en descendant ; il s'apercevra alors que la nature
de la roche commence à changer et passe insensiblement à l'état de roche amphibolique , d'un
noir un peu verdàtre, mêlée de beaucoup de
feld-spath blanc compacte, mais un peu granuleux, assez semblable au granit noir et blanc antique à petits grains.

A mesure qu'on avance en suivant ce nouveau
système de formation , on commence à apperce-
voir les premieres ébauches de cristallisation globuleuse sur la roche en place ; l'on ne tarde pas
ensuite a rencontrer une assez grande masse plus
dure que la roche, s'élevant à une certaine hauteur, mais attachée par sa base au granit amphibolique sur lequel elle porte. Ce premier bloc
offre des globules de diverses grandeurs, dont la
forme sphérique est plus avancée et plus régulière.

Enfin, à peu de distance de cette première
masse de granit globuleux, on en trouve quelques
autres de la même nature plus ou moins saillantes,

qui ne sont pas en grand nombre; M. Mathieu les
considère toutes comme des espèces de noyaux
beaucoup plus solides que la roche amphibolique
dans laquelle ils ont pris naissance, et celle-ci
n'étant pas d'une pâte aussi dure, a moins résisté
à l'action du temps, s'est décomposée en partie et
a laissé à nu le granit orbiculaire.

L'espace qu'occupe ce singulier gisement, du
moins celui qui est en évidence, en y compre-
nant la roche amphibolique, est de cent mètres
environ; le granit ordinaire reparaît ensuite.

M. Mathieu ne s'est pas contenté de me donner
des renseignemens instructifs sur la découverte
qu'il a faite, il a poussé la complaisance et la
générosité plus loin en enrichissant mes collections d'une suite de beaux morceaux de toutes
les variétés de granit orbiculaire qu'il a recueillis
en place dans la partie de la montagne de Sainte-
Lucie.

Je joins ici une courte description de celles qui
m'ont paru les plus intéressantes.

N.º I.

Un morceau dont l'épaisseur est d'un pouce trois
lignes sur une grandeur moyenne de quatre pouces,
d'un granit orbiculaire en tout semblable tant
pour la pâte, que pour le ton de couleur, la dureté
et la forme des globules, à celui du *Taravo*,

ayant comme lui quelques petits points brillans
d'une substance d'apparence métallique, d'un
blanc d'argent, qui font mouvoir le bareau aimanté
et appartiennent à de la pyrite magnétique. Celle-ci
prend un beau poli ; ces grains sont peu abondans
et clairement disséminés dans la pâte, ainsi que
dans les globules de ce granit : en tout c'est absolument la même espèce que celle du *Taravo* ;
mais M. Mathieu m'a dit qu'en général cette belle
variété n'est pas commune : elle existe en place
et cela suffit.

N.° I I.

Granit orbiculaire dont la pâte est la même que
celle du granit du *Taravo*, mais dont les globules
beaucoup plus grands, sont presque entièrement
blancs ce qui tient à la surabondance du feld-
spath de cette même couleur, et à l'absence presque
totale de l'amphibole, dont on distingue à peine
quelques légères traces. De tels globules blancs sur
le fond noir moucheté de blanc qui compose la
pâte de ce granit, produisent un effet aussi remarquable que singulier. L'art pourrait en tirer
un parti très-avantageux pour certains monumens,
qui seraient d'autant plus distingués, que les Grecs
et les Romains, si jaloux d'employer les granits les
plus remarquables qu'ils faisaient venir de très-
loin, n'ont jamais connu cette rare espèce. Les
blocs les plus considérables appartenant à cette

variété, sont ceux qui fourniraient les plus grandes
masses, d'après ce que m'a dit M. Mathieu; il ne
s'agirait pour cela que de faire un chemin prati-
quable pour les voitures, depuis la montagne de
Sainte-Lucie jusqu'au golfe de *Valinco*.

Nota. On voit quelques lames de mica d'un
brun clair dans certaines parties de ce granit et
par petites places.

N.º I I I.

Autre variété remarquable par le fond de la
roche, d'une couleur beaucoup plus foncée, parce
que l'amphibole abonde davantage, et que ses
molécules sont plus divisées et plus également mélangées avec le feld-spath granuleux, qui en a
pris une teinte d'un noir verdâtre, ce qui donne
à la pierre, qui est dure et reçoit un très-beau poli,
un ton un peu austère. Les globules sont en général beaucoup moins grands et bien prononcés,
et la teinte légèrement verdâtre qui colore leurs
cercles blancs les met en harmonie avec le fond
de la pierre.

N.º I V.

Je ne sais pas si l'on doit considérer comme une
quatrième variété celle où les globules de la
même grandeur que ceux de la variété précédente,
en diffèrent néanmoins par le fond de la roche,
qui plus riche en feld-spath qu'en hornblende,

est sablé de blanc et de noir d'une manière très-
distincte et sans que ces deux couleurs se soient
mélangées; de manière que le blanc étant la partie
dominante, le fond loin d'être aussi sévère que
le précédent, paroît gai, et ce qui le rend plus
agréable encore, c'est que les globules étant lavés
d'une teinte extrémement légère mais bien fondue
de noir, ont acquis par ce mélange un aspect
bleuâtre qui les rend très-doux à l'œil.

N.° V.

Enfin, une des variétés la plus remarquable du
granit orbiculaire découvert par M. Mathieu, et
en même temps la plus prononcée, est celle qui,
sur un fond presque noir et égal, résultant d'un
mélange uniforme de feld-spath blanc et d'hornblende noire en molécules se distingue par ses globules dont le premier cercle est constamment noir
et d'un noir très-foncé, tandis que c'est l'inverse
dans toutes les autres variétés les globules ayant
tous en général le premier cercle blanc. Comme le
noir est la couleur qui domine dans cette singulière variété de granit orbiculaire, les cercles
blancs qui leurs succèdent et alternent avec les
cercles noirs, ont participé de cette teinte, et ils
sont comme voilés de noir; on les distingue cependant très-bien par leur opposition avec les
autres cercles qui sont du noir le plus intense.

Cette variété, qui prend un aussi beau poli que l'autre et a le même degré de dureté, se trouve en assez grandes masses. Elle conviendrait parfaitement pour former des urnes et autres vases d'un genre austère.

Telles sont les principales variétés du granit orbiculaire dont nous devons la découverte à M. Mathieu. J'ai cru qu'il était nécessaire d'entrer dans tous ces détails, pour bien faire connaître une roche dont la nature a été en quelque sorte si avare. Je laisse en réserve tous les faits pour les reprendre ensuite, si je puis un jour m'occuper de la théorie; car s'il est bien démontré, ainsi que tout semble porter à le croire, que c'est ici le gisement natal dont le bloc du *Taravo* a été arraché, on a une donnée exacte sur un beau fait géologique.

PORPHYRE GLOBULEUX DE CORSE,

Son gisement en grand filons;

PAR M. MATHIEU, capitaine d'artillerie.

IL était réservé à M. Mathieu de trouver en place, non-seulement le granit orbiculaire, mais encore le porphyre globuleux, deux des plus belles roches connues en minéralogie.

J'avais bien ouï-dire à M. Dupeyrat, ingénieur en chef des ponts et chaussées en Corse, très-bon naturaliste, que M. Mathieu, capitaine d'artillerie, avait découvert de grandes masses en place de porphyre globuleux. M. Dupeyrat avait même eu la bonté de me donner un bel échantillon de cette pierre de la part de M. Mathieu; mais je n'avais pas les renseignemens nécessaires sur le gisement de cette roche, pour pouvoir en parler avec certitude, lorsque M. Mathieu, appelé à l'armée de Hollande, est venu à Paris où j'ai eu le plaisir de le voir et de recevoir de lui des détails très-instructifs accompagnés de plans et de dessins, et d'une suite de très-beaux morceaux de toutes les

variétés de porphyres globuleux, dont il a bien
voulu enrichir ma collection.

Mon livre était entièrement imprimé, mais la
publication en était retardée par les gravures qui
n'étaient pas entièrement terminées; ce retard m'a
permis d'insérer par supplément la présente notice
propre à servir de complement à ce que j'ai dit
de la roche en question, à la page 248 de cet
ouvrage, et il en a été de même pour le granit
orbiculaire : les savans naturalistes m'en sauront
d'autant plus de gré, que le fond en appartient à
M. Mathieu lui-même.

Mais il est convenable de dire auparavant qu'il
y a près de vingt-ans qu'il existe dans le beau cabinet d'histoire naturelle de l'hôtel de la monnaie,
à Paris, formé par M. Sage, fondateur de la première école des mines, un échantillon de porphyre globuleux, avec une étiquette portant qu'il
vient de *Galeria* en Corse ; mais soit que ce morceau isolé n'eût pas assez fixé l'attention des minéralogistes, soit qu'il n'eût été considéré que comme
une so te de géode solide, saisie accidentellement
dans l'empâtement qui lui servait de gangue, on
n'entendit plus parler de cette espèce de pierre,
et il n'en parut plus dans d'autres cabinets.

Lorsque dans le mois de janvier 1806, M. Rampasse, ancien officier d'infanterie légère corse,
me fit l'honneur de m'écrire de Bastia, que dans
un voyage minéralogique qu'il venait de faire

dans les montagnes de la Corse, pour s'occuper
de la recherche du granit orbiculaire en place,
qu'il ne trouva pas, il en avait été en quelque
sorte dédommagé en découvrant sur le flanc d'une
montagne couverte de bois, entre *Monte-Pertu-
sato* et le vallon qui conduit à *Santa-Maria-la-
Stella*, « Un bloc de pierre presque carré, de
» quatre pieds et demi environ, sur trois de lar-
» geur, enfoncé dans la terre, laissant voir sur
» une de ses faces des corps globuleux, remar-
» quables par leurs dispositions et leurs cou-
» leurs (1) ». M. Rampasse ajoutait qu'il ne pût en
détacher que la valeur de quatre-vingts livres
pesant, et qu'il considéra cette pierre comme
propre à faire le pendant du granit orbiculaire.
Quelques temps après M. Rampasse vint à Paris;
les échantillons de la roche porphyritique globuleuse qu'il apporta avec lui, fixèrent vivement
l'attention des naturalistes.

L'on ne savait pas alors, et j'ignorais moi-même
que M. Mathieu avait découvert un an auparavant le porphyre orbiculaire en place, non-seulement en grandes masses, mais en espèces de
filons très-épais et d'une étendue considérable, et
qu'il avait déjà envoyé à Paris deux Mémoires

---

(1) Voyez la Lettre de M. Rampasse, insérée dans le
tome VIII, page 470, des Annales du Muséum d'histoire
naturelle.

accompagnés de plans et de cartes, l'un destiné à
être présenté à l'Institut de France, l'autre adressé
à M. Vialart-Saint-Morys, qui réside dans une de
ses possessions à Houdamville, près de Clermont,
dans le département de l'Oise, avec plusieurs
échantillons de la roche; Mémoire qui se trouvait dans une caisse qui n'avait point encore été
ouverte, et que M. de Saint-Morys a été prié de
me remettre de la part de M. Mathieu, lors de
son passage à Paris. C'est d'après ce Mémoire que
je vais faire connaître le gisement du porphyre
globuleux, trouvé en place par M. Mathieu, dans
un lieu entièrement différent de celui où M. Rampasse ne reconnut qu'une masse isolée en partie
recouverte de terre.

« Le territoire où se trouve le porphyre globu-
» leux, dit M. Mathieu, dans le Mémoire envoyé
» à M. Vialart-Saint-Morys, et que j'ai sous les
» yeux dans ce moment, est borné au midi par
» le *Bussaggia*, et au nord par le *Marzolino;*
» il comprend le pays d'*Ozani* et celui de *Giro-*
» *lata*, qui ont ensemble une étendue d'environ
» huit lieues et demie carrées. L'aspect des lieux
» est des plus âpres et des plus sauvages, surtout
» dans la partie de *Girolata;* ce sont des mon-
» tagnes escarpées et arides, dont les plus élevées
» forment une ligne du levant au couchant: elles
» sont accompagnées d'autres petites chaînes
» moins hautes et disposées en mamelons, qui

44*

» s'abbaissent graduellement en amphithéâtre
» jusqu'à la mer, ou elles se terminent par des
» escarpemens presque inaccessibles ; tout cet
» espace montueux n'est qu'un système de ro-
» ches porphyritiques de diverses espèces, qui
» diffèrent entre elles par le ton de couleur,
» la disposition des parties constituantes, par le
» plus ou le moins de dureté, et les divers degrés
» d'oxidation du fer qui domine en général dans
» ces porphyres.

» Ces roches sont sillonnées de longs et épais
» filons, dont quelques-uns ont plus de quinze
» à seize pieds d'épaisseur sur une étendue con-
» sidérable. Comme ceux-ci sont d'un porphyre
» plus dur que celui de la roche qui leur sert
» de lit et que le temps a altérée, ils ressem-
» blent à de grands murs qui auraient été éle-
» vés par la main des hommes. Plusieurs de ces
» filons ont des globules plus ou moins gros,
» plus ou moins colorés ; et comme ces espèces
» de murs sont quelquefois fort éloignées les unes
» des autres ; elles offrent des différences et des
» variétés dans la forme, la disposition et le ton
» de couleurs des globules. Le filon de *Curzo*
» (Curzo est un village), est grisâtre ; les globules
» y sont tres-gros et d'une couleur un peu ro-
» sée ; tandis qu'à *Girolata* la pâte est d'un
» rouge sanguin, et les globules d'une teinte
» moins colorée. A peu de distance de ce der

» nier lieu, on voit un filon dont les globules
» ne sont guère plus gros que des pois. Les plus
» grands se trouvent sur deux pics en pain de
» sucre; ces globules sont bien prononcés et res-
» sortent parfaitement du fond de la pâte : ils
» ont en général trois et le plus souvent quatre
» pouces de diamètre.

» A la *Bocca-Vignola*, toute la surface du sol
» est jonchée de petites boules en décomposi-
» tion; à la *Bocca-Galeria*, le feld-spath plus
» dur et plus foncé que partout ailleurs, a des
» globules d'une couleur plus pâle, on y trouve
» en outre de très-belles géodes d'une substance
» plus dure et qui paraît comme agatisée, d'une
» couleur d'un brun - rougeâtre; *au Fornaci*,
» même système de géodes, mais d'une teinte
» violette : ces dernières sont très-volumineuses,
» il y en a qui ont plus d'un pied et demi de
» diamètre.

» A *Elbo*, sur le rivage de la mer, on trouve
» des globules détachés de leurs gangues, for-
» mant des espèces de boules isolées. Il paraît
» que c'est par l'action des vagues, que des blocs
» transportés et froissés par les grosses mers, ont
» été brisés; mais que les globules beaucoup
» plus durs, résistent davantage et sont rejetés
» sur le rivage.

» En un mot tout ce grand espace n'est qu'un
» composé de roches porphyritiques hérissées de

» nombreux filons en forme de murailles, dans
» lesquels le système globuleux se manifeste de
» toute part : ce grand champ d'observation mé-
» riterait un examen approfondi, fait par d'ex-
» cellens minéralogistes, qui ne manqueraient
» pas d'y faire de nombreuses découvertes ».

Il me reste à présent à donner quelques détails
sur les divers échantillons de roche porphyritique
orbiculaire, qui m'ont été donnés par M. Mathieu.

N.° 1.

Roche porphyritique couleur isabelle, lavée
d'une très-légère teinte rosée, à très-petits globules sphériques, en rayons, quelques-uns entourrés d'une ligne circulaire distincte, d'autres
sans cercles, intimément unis avec la pâte qui
en est pénétrée, de manière qu'ils ne semblent
faire qu'un seul et même corps avec elle. Cette
pâte, qui est un feld-spath compacte formé de
molécules extrêmement fines, reçoit un très-beau
poli, car elle est dure, mais elle est susceptible
quelquefois d'entrer en décomposition tant par
l'oxidation du fer que par toute autre circonstance. Les plus grands globules de cette roche
porphyritique n'ont que quatre lignes, les moindres trois lignes en général. Lorsqu'on brise cette
pierre pour en façonner les échantillons, on en

fait partir quelquefois des globules ronds entiers qui laissent leurs creux dans la pâte de la pierre.

Cette variété de roche porphyritique à petit système globuleux, nécessitait les détails dans lesquels nous venons d'entrer; car c'est elle en général qui accompagne le porphyre à grands globules dont nous allons bientôt parler, ou plutôt c'est la roche même au milieu de laquelle celui-ci se trouve le plus souvent disposé en manière de murs épais qui ont l'apparence de filons, et qui ne se montrent ainsi que parce qu'ils ont résisté davantage à la décomposition que la roche environnante à petits globules. Celle-ci plus abondante en feld-spath et d'un tissu plus homogène, est comme presque tous les feld-spath plus sujette à une sorte d'altération spontanée, surtout si le fer, si facile à s'oxider, s'y trouve uni ou combiné en proportions un peu trop fortes. Les murs à porphyres globuleux ont été aussi mis à nu avec plus de facilité encore, lorsqu'ils se sont trouvés environnés de roches porphyroïdes granuleuses verdâtres, plus tendres et semblables à celles qu'on trouve à Oberstein, à la montagne de l'Esterelle, et en général dans presque tous les pays porphyritiques.

N.º 2.

Globules sphériques de deux pouces de diametre, les moindres de deux pouces moins trois

lignes, au milieu de leur gangue à laquelle ils
adhèrent intimément.

Cette gangue est une roche feld-spathique compacte, ponctuée de rouge ocreux plus ou moins
foncé, et de petites taches d'un brun - noirâtre
qu'on ne saurait ranger tant en raison du gisement
que de son système particulier de formation, que
parmi les *roches porphyroïdes* et non parmi
les *jaspoïdes*; car ses parties sont fusibles au
chalumeau. En observant les petites taches rouges
à la loupe, l'on voit très-distinctement qu'elles ne
sont formées en quelque sorte que par des ébauches de cristallisation de forme globuleuse. Le
fond d'un brun noirâtre sur lequel ces petits globules imparfaits et d'une couleur rougeâtre se
dessinent, tient à ce que le fer s'y trouve oxidé
en noir, tandis qu'il l'est en rouge dans les globules; mais soit qu'il y ait un peu plus de molécules quartzeuses dans les petites taches noirâtres
que dans les rouges, soit que la chose tienne au
degré d'oxidation du fer, il est certain que les
taches et les linéamens noirâtres ont un degré de
plus de dureté que les rouges; c'est lorsque la
roche est polie qu'on s'en aperçoit, en la plaçant
dans un jour favorable. On voit alors que les parties noires forment de légères saillies d'un poli
un peu plus vif et plus brillant que le reste; mais
en tout l'ensemble de la roche reçoit un beau
poli.

Les globules qui sont au milieu de cette pâte, ont une couleur de chair plus ou moins vive, avec des rayons divergens du centre à la circonférence, tracés par des lignes d'une couleur plus foncée et noirâtre, qui se réunissent autour d'un noyau de couleur uniforme et d'un rouge plus foncé placé dans le point central. Une grande ligne circulaire presque blanche ou faiblement lavée de rose, entoure chaque boule et en détermine la circonférence. Mais pour obtenir tous ces résultats d'une maniere qui ne laisse rien à désirer, il faut, en faisant scier des échantillons de cette roche, tâcher d'atteindre autant que possible le milieu de chaque boule, afin d'arriver au noyau: au reste ces boules ainsi coupées prennent un poli très-vif qui fait ressortir les effets de ce singulier système de cristallisation globuleuse.

N°. 3.

Boule parfaitement sphérique, détachée accidentellement de la roche; elle a trois pouces six lignes de diamètre; un cercle de cinq lignes de largeur entoure uniformément l'extérieur de la boule; il est composé d'une substance feld-spathique dure, analogue à celle de la pâte de la roche, mais dont les points rouges sont très-petits. Ceux-ci offrent tous des ébauches de cristallisation en petits rayons compactes divergens.

Un second cercle de deux lignes et demie de largeur, d'un feld-spath compacte d'un blanc fauve succède au premier cercle, et le reste de la boule n'est qu'un assemblage de cristaux de feld-spath compacte d'une teinte un peu plus foncée, qui se dirigent vers un centre commun : j'ai fait couper cette boule isolée en deux parties égales.

N.° 4.

Dans un bel échantillon composé de trois grands globules qui sont dans leur gangue tressaine et très-dure, l'on voit un accident singulier dont la découverte est due pour ainsi dire au hasard. Ayant fait couper en deux le morceau qui était trop épais pour entrer dans mes tiroirs, l'on sépara en deux portions égales et l'on mit à découvert un globule de deux pouces trois lignes de diamètre, dont une tranche avait anciennement été séparée, à la suite de quelque mouvement dans la roche; mais cette partie s'était ensuite parfaitement soudée, de manière à pouvoir reconnaître à peine les points de jonctions. Cette section du globule forme une espèce de croissant d'un pouce sept lignes de longueur, qui est hors de place comme si on l'eût poussée en avant hors du cercle ; de manière qu'en la faisant reculer idéalement, elle viendrait se remettre naturellement à sa première place; et néanmoins, je le répète, il est difficile de distinguer les points de soudure.

Cet échantillon, avant d'être coupé, me fut donné par M. Rampasse.

N.° 5.

Globule de forme allongée, ovale et d'une grande régularité dans ses couleurs ; sa largeur est d'un pouce neuf lignes, sa longueur est de quatre pouces deux lignes ; il est à présumer que cette forme si allongée est due à la réunion de plusieurs globules qui se sont confondus les uns dans les autres à l'époque de leur cristallisation ; une ligne de feld-spath rouge occupe toute la longueur du grand axe, et les cristaux divergent de ce point qui leur sert de centre : cet échantillon, très-remarquable par sa forme, a une sorte de régularité dans toutes ses parties.

Enfin les fausses coupes qu'on pourra faire dans de grands blocs d'une roche aussi singulière et aussi dure, en l'employant dans les arts, soit en colonnes, soit en tables, soit en socles, formeront des ouvrages très-distingués tant par la nature de la pierre que par la variété, la grandeur, le ton de couleur et la forme des globules qui la rendent si remarquable.

TABLE

DES MATIÈRES.

~~~~~

A

— On en trouve quelquefois de très-belle à *Monte-Tondo*, à peu de distance de l'église de la *Madona-del-Monte*, près de Vicence, dans une lave compacte altérée, page 531.

— On en trouve non loin de *Montechio-Maggiore* dans le Vicentin; dans la lave, à *Brendola*, page 533.

— Sur le mont Maïn, dans le district d'*Arzignano*, dans une lave en décomposition, *ibid.*

— Sur la montagne volcanique de *Montechio - Précalcino*, et du côté de *Bregenze*, dans le Vicentin, page 535.

— Entre *Marostica* et *Bassano*, sur la montagne de *San-Fioriano*, *ibid.*

— A Monte-Galda, dans le Vicentin, dans une lave altérée, page 537.

CÉRITE. L'espèce de coquille du genre cérite, qui se trouve en si grande abondance dans les pierres calcaires des environs de Paris, paraît se rapporter au *cerithium cerratum*, qui vit dans la mer des Iles-des-Amis, et qu'on trouve gravée dans le superbe ouvrage de Martyn, sur les coquilles de la mer du Sud, tome I, pl. XII, lettre G, page 27.

CHRÔME, 398. Son oxide fournit une très-belle couleur verte pour la porcelaine, page 180. L'émeraude lui doit sa couleur, *ibid.* Son acide colore le spinelle en rouge, *ibid.*

CHRYSOLITHE granuleuse (péridot) des volcans; observations sur cette substance minérale, page 552.

— Analyse des péridots granuleux d'*unckel*, de *kalsberg*, par M. Klaproth, page 554. Péridots granuleux d'un vert-d'olive foncé, *ibid.* D'un vert-d'olive pâle un peu jaunâtre, à grains vitreux demi-transparens, p. 555.

— *Id.* A 1241 toises, dans les Alpes du Dauphiné, à *Chaillot-le-Viel*, par M. de Lamanon, page 62.

— *Id.* Sur le haut du mont Ventoux, à 1027 toises, par M. Guerin, page 63.

— *Id.* Sur le plateau de *Ciolane*, près de Barcelonette, à plus de 1400 toises, par le même, *ibid.*

— *Id.* Sur le *Mont-Auroux*, près de Gap, à 1400 toises, par M. Guerin, *ibid.*

— *Id.* Au *Potosi*, à une très-grande hauteur non déterminée, mais désignée par Alonso-Barba, sur le *passage qui conduit à Oronesta*. Les coquilles y sont très-abondantes et variées de genres et d'espèces, pages 63 et suiv.

— *Id.* Au *Perou*, près de la mine de mercure de *Huanca-Velica*, par don Ulloa, page 64.

— *Id.* Au *Perou*, à *Micuipampa*, à 1900 toises de hauteur au-dessus du niveau de la mer, par M. de Humboldt, page 65.

— *Id.* Par le même, à *Huanca-Velica*, à 2207 toises, page 66.

— *Id.* Par le même, à *Bogota*, à 1400 toises, page 67.

Coquilles bivalves. La chaux qui sert aux constructions dans la plus grande partie de la Hollande, se prépare à Leyde, en général avec une seule espèce de coquille bivalve, *mactra solida*, Linn. qu'on pêche par pleines barques à Schevelling, près de La Haye. Cette coquille, réunie en famille, forme des bancs d'une grande étendue, à une lieue environ en mer; ce que l'on en pêche n'est rien, comparativement à ce qui s'en forme journellement, pages 34 et 36.

Cratères. Les cratères des volcans éteints ne sont pas, à beaucoup près, en aussi grand nombre que ceux des volcans en activité, 407. Ceux que l'on trouve encore

45*

paraissent s'être formés postérieurement à la catastrophe diluvienne, qui a démentelé les autres, pag. 409.

Cuivre natif, 357. Pyriteux, 359. Rouge oxidé, 361. Bleu d'azur, *ibid.* Carbonaté vert, malachite, 362. Vert muriaté, cuivre vert du Pérou, 363. Sulfaté, 364. Arseniaté, page 365.

D

Diallage verte en lames un peu chatoyante, dans une lave compacte noire, du volcan de Valmaargue, à une lieue de Montpellier. Cette substance, qui n'avait point encore été trouvée dans les produits volcaniques, a été découverte depuis peu par M. Marcel de Serres, très-bon naturaliste, page 662.

Diamant. Son rapprochement avec le charbon, pag. 337.

Dolomies. Des dolomies du Tyrol, de Sibérie, des Alpes de la Suisse, page 764.

E

Émaux. Des émaux, des obsidiennes et autres verres volcaniques; observations sur ce genre de production des incendies souterrains, pages 608 et suiv.

— Description des diverses variétés d'émaux et de verres volcaniques, pages 611 et suiv.

Étain, vitreux, page 375. Sous forme d'hématite, page 379. Pyritisé, *ibid.*

Éthna. Ce volcan a 1713 toises d'élévation au-dessus du niveau des eaux de la mer, d'après les observations de M. de Saussure, page 411.

— Sa circonférence totale est de soixante lieues environ, *ibid.*

F

centin, accompagné des mêmes gemmes, page 648.
D'un noir vitreux et d'un reflet semblable à celui de
l'acier poli et bruni, à *Chenavari*, à *Rignas*, derrière
le château de Roche-Maure en Vivarais, pages 648 et
649. Fer spéculaire d'un aspect métallique, fer sublimé, page 649. *Id.* au Vésuve, à Stromboli, a Jaci-
Reale, à Monterosso, au cap de Gates en Espagne, au
Puy-de-la-Roche, au Puy-Corent, au Puy-Chopine,
au Mont-d'Or, à Volvic en Auvergne, pages 649 et
650. Fer muriaté. Le fer muriaté se trouve assez souvent sur les bords du cratère du Vésuve, de l'Ethna et
de plusieurs autres volcans en activité, page 651. Fer
oxidé, en sédimens, en noyaux, en boules ocreuses,
dans les tuffas volcaniques, *ibid.* Fer phosphaté, azuré,
dans les cavités de quelques laves, 650. En poussière
bleue, à *Capo di Bove*, à l'Ethna, au *Val di Noto*,
ibid. En petites lames brillantes, à la *Bouiche*, près de
Navis, département de l'Allier, *ibid.* Colorant en bleu
de lavande, des laves poreuses dans une partie du cratère de Mont-Brûl en Vivarais, *ibid.* Fer sulfuré. On
trouve dans quelques laves compactes des points de fer
sulfuré, mais en petite quantité, et rarement, *ibid.*

— Fer (mine de fer) d'*Adworetzkoi*, dans l'empire de
Russie, formée de troncs, de branches et de débris de
végétaux, page 338. Fer qu'on trouve par l'analyse,
dans des tourbes des environs de Rotterdam, page 341.
Sulfate de fer très-abondant, dans les tourbes pyriteuses
du département de l'Aine, page 339. Magnétique', 367.

— Fer minéralisé par le soufre et l'arsenic, mispickel,
page 359. Sulfuré, *ibid.* Hépatique, page 370. Hématite, *ibid.* Emeril, *ibid.* Carburé, ou plombagine,
page 372. Spathique, *ibid.* Chromaté, page 373, Phos-

phaté, *ibid.* Azuré des tourbières, page 374. Sulfaté, *ibid.*

— Fer natif atmosphérique, dans les aérolithes, page 369. Dans les laves, 367.

— Fer natif de Kamsdorf et de la montagne de Ouille, *ibid.*

G

GRANITS. Des granits, vues générales sur ce genre de roches, page 139.

— Les granits n'occupent point exclusivement des places qui leurs soient propres, *ibid.* Existent à des hauteurs et à des profondeurs considérables, page 140. Les substances minérales diverses qui ont servi à leur composition ont été tenues en dissolution, *ibid.* La dénomination de *pierres primitives* donnée aux granits et aux roches du même genre n'est point rigoureusement exacte et tend à induire en erreur, page 142. Les granits n'ont pu être formés que par des matières nécessairement préexistantes, page 141. Les mers saturées probablement de tous les gaz, et portées peut-être à un haut degré d'incandescence, ont concouru à leur formation, page 142. Il est nécessaire de donner une plus grande extension, qu'on ne l'a fait jusqu'à ce jour au système de formation des roches granitiques, particulièrement en géologie, page 143 Granits disposés en couches bien distinctes, en grandes masses qui offrent des retraits, en masses contiguës homogènes, sans fissures ni retraits, page 176. En bancs plus ou moins inclinés, quelquefois verticalement disposés, *ibid.*

— Tableau des diverses espèces de granits les plus remarquables, page 178. Granit graphique, *ibid.* Orbicu-

H

I

Iolithe, dans la roche micacée que rejette le Vésuve, 653.

K

Kaolin. Ce n'est qu'un feld-spath compacte altéré, dont les élémens désagrégés et extrèmement divisés ont l'apparence argilleuse, page 136.

Kirker. Le jésuite Kirker, dans son *Mundus subterraneus*, édition de 1678, in-fol., tome I, page 194, place les foyers des volcans à une grande profondeur dans la terre, ou plutôt les regarde comme de grands jets de feu provenant de la masse inférieure de la terre, qu'il considère comme étant dans un état de fusion, page 404.

Kirn. On trouve de grands gisemens de roches trappéennes, dans les environs de Kirn, page 273. Analyse du trapp de kirn, par Vauquelin, page 289.

L

Latialite. Ce nom est dérivé de celui du *latium*, où M. l'abbé Gismondi trouva la substance minérale d'un bleu d'azur, à laquelle il donna le nom de *latialite*, page 634. Analyse de ce minéral, par M. Vauquelin, *ibid.* On trouve dans les pierres-ponces de Pleyth, de Crufst, de Toenistein et de Cloosterlaach, une substance analogue de la même couleur, pages 630 et 653.

Laves compactes prismatiques, sont le produit d'une matière qui a été mise en fusion, et le résultat d'un retrait produit par la déperdition lente de la chaleur, page 405. Voyez aussi pour le développement de cette théorie, les pages 410 et 411.

blanches, du cratère de Mont-Brûl en Vivarais, page 468.

— Laves feld-spatiques. Des laves feld-spathiques; vues générales, page 470.

— Laves feld-spathiques noires de *Catajo*, à l'entrée des monts Euganéens, page 473. D'un gris clair tirant sur la couleur de chair, des îles Ponces, page 474. Blanche, un peu fritée, des monts Euganéens, *ibid*. Blanche écailleuse, un peu boursouflée, de l'île de Milo dans l'Archipel, *ibid*. D'un blanc grisâtre un peu rosé, avec quelques paillettes de mica noir, des îles Ponces et des monts Euganéens, page 475. Blanche, avec des écailles de mica brun, du Mont-d'Or et des monts Euganéens, page 475.

— Laves amygdaloïdes; observations au sujet de ces laves, page 479.

— Laves amygdaloïdes à globules calcaires, page 494.

— *Id*. Dans une lave mêlée de péridots granuleux, page 497. Avec des globules de calcaire arragonite radiés, dans une lave mêlée d'amphibole, 499. *Id*. Avec arragonite translucide, dans une lave amigdaloïde mêlée de grains de péridots jaunâtre, page 499. Amygdaloïde avec des globules de zéolithe (mésotype), page 500. *Id*. Avec stilbite; observations sur cette substance, page 502. *Id*. avec analcime, page 413. Avec analcime limpide, demi-transparente, compacte, page 515. Cristallisée, page 516. Amygdaloïde avec sarcolithe; observations sur cette substance, page 417. Avec strontiane sulfatée, page 525. Avec chabasie, page 526. Amygdaloïde avec des globules de calcédoine; observations sur les calcédoines des laves, 528. Des calcédoines enhydres, dans les laves du Vicentin, page 530.

Les anciens ont connu ces enhydres et leurs donnaient une grande valeur. Claudien en a fait mention, et Pline les a très-bien décrites, page 536. Des lieux principaux où l'on trouve des calcédoines enhydres, page 537.

— Laves altérées et décomposées, par l'intermède du gaz acide sulfureux, et autres émanations gazeuses; exemples de cette altération et de cette décomposition à la solfatare de Pouzzole, pages 653 et suiv.

— Laves (des) dans leur état de fusion, et des effets qu'elles ont produit dans l'éruption du Vésuve de 1794, lorsqu'elles ont recouvert la plus grande partie des maisons de *Torre del Greco*, page 486. Le fer malléable se cristallisa en octaèdres attirables à l'aimant, et en lames brillantes de fer spéculaire. Le cuivre jaune laissa échapper le zinc avec lequel il était allié, et celui-ci reparut sous forme de blende cristallisée. Le cuivre rouge prit la forme d'octaèdres, et dans quelque cas la cubique, et on le trouva en très-beaux cubes du rouge le plus vif. Ces observations remarquables furent faites par Tompson et par Breilak, page 486.

M

MADRÉPORES. La formation des madrépores par les polypes est un des grands moyens employés par la nature pour l'augmentation de la terre calcaire, page 40. C'est particulièrement entre les Tropiques que cet immense travail des êtres organisés a lieu, et prouve par ses résultats jusqu'à quel point peut s'étendre la puissance vitale, lorsqu'elle agit ainsi en grand, page 40. Les madrépores forment des murs d'une grande étendue et d'une épaisseur très-considérable qui s'élèvent du fond des mers, et parviennent en s'élevant graduellement jusqu'au niveau de l'eau, *ibid.* Ils ont formé et forment encore des îles entières, et des écueils cachés dans la mer. Belles observations faites à ce sujet, par Forster, par Vancouver, par La Billardière, par Péron, etc., pages 42, 43, 44, 45, 46, 47, 48 et 49.

MAGNÉSIENNES (pierres), vues générales, page 298. Les pierres magnésiennes serpentineuses s'élèvent sur le Mont Rose, à 1506 toises de hauteur, page 501. Elles alternent avec des couches de calcaire micacé, page 503. Analyse de la stéatite rouge, du talc laminaire, du talc écailleux, par M. Vauquelin, page 305. De la pierre ollaire, par M. Wiegleb, page 306. Des différentes couleurs de pierres magnésiennes, page 312. Leur pâte est quelquefois d'une ténuité extrême et paraît savoneuse; il y en a qui est écailleuse, granuleuse, fibreuse, opaque, demi-transparente, translucide sur les bords, page 312. La formation des roches magnésiennes doit être considérée comme contemporaine de celle des granits et des porphyres, page 513. On trouve dans les roches magnésiennes l'oxide de chrôme, page 514. Le fer octaèdre attirable, page 315. Le fer sulfuré, page 516. Le fer sulfuré magnétique, *ibid.* Le cuivre carbonaté vert, *ibid.* Le marbre écailleux blanc, *ibid.* Le calcaire arragonite, page 517. La chaux phosphatée, *ibid.* Le feld-spath blanc compacte, *ibid.* La véritable variolite verte, page 318. L'amphibole grammatite, l'amphibole actinote, amphibole noire, *ibid.* Leucolithe de Mauléon, page 319. Tourmaline noire, *ibid.* Asbeste dure, asbeste flexible, *ibid.* pyrop ou grenat rouge de sang, *ibid.*

tion, page 329. Les métaux sont inflammables, page 333. Ils se dissolvent dans les acides, après être parvenus à l'état d'oxide, page 335. Les oxides métalliques ont quelques propriétés analogues à celle des alkalis, page 335. Le charbon joue le plus grand rôle dans la fabrication de l'acier, et celui-ci n'est que du fer, plus du charbon, page 336.

MEYONITE (la) se trouve dans des fragmens de la roche micacée, que rejette accidentellement le Vésuve, page 653.

MICA (le) noir ou brun est souvent associé aux laves feld-spathiques, tandis que le pyroxène et l'amphibole ne s'y trouvent que rarement et sont très-abondans dans les laves porphyritiques et granitoïdes, page 476.
— Mica de Zinwald; mica à grandes feuilles; mica noir de Sibérie; analyses de ces trois variétés, page 308.

MOLYBDÈNE, page 390.

MONTLOSIER (M. de) a écrit en homme instruit, et d'une manière très-intéressante sur les volcans éteints d'Auvergne, page 408.

N

NATROLITHE (zéolithe jaune), dans une lave porphyroïde de Hoentrwil, près du lac de Constance, page 652.

NÉPHÉLINE, dans la roche micacée que rejette accidentellement le Vésuve, page 653.

O

P

PECHSTEINS ligneux, ou des bois siliceux passés à l'état
de pechsteins; observations à ce sujet, page 589.

— Pechstein ligneux d'un brun foncé jaunâtre, d'*Af-
ferstein*, à une petite lieue de Francfort, page 597.
D'un jaune de succin, de Telkobanya dans la Haute-
Hongrie, page 598. Bois de palmier passé à l'état de
pechstein de trois couleurs, de Kremnitz dans la Haute-
Hongrie, pages 599 et 602.

— Pechsteins siliceux, page 601.

— Pechstein siliceux, d'un blanc mat d'apparence résineuse, luisante d'un côté, et encore à l'état de silex
grisâtre intact de l'autre; *Deschasses* sous le *Pui-
griou*, au Cantal en Auvergne, *ibid.*

— *Id.* D'un noir luisant d'obsidienne, avec des empreintes de coquilles, et conservant encore quelques
parties siliceuses qui ne sont pas à l'état de pechstein,
du vallon *Fontange*, de celui de *la Chaylade*,et à
Thiézac, en Auvergne, page 602.

— Pechsteins porphyres, page 604.

— Pechstein porphyre à fond vert - olive foncé, à cassure brillante, onctueuse, translucide sur les bords,
avec des cristaux de feld - spath blancs limpides, du
village *des Chazet*, au pied du *Puy-de-Griou*, en Auvergne, *ibid.*

— *Id.* D'un noir foncé verdâtre, d'un aspect vitreux, fusible au chalumeau ainsi que le premier, en émail blanc,
du village *des Gardes*, entre le Cantal et le *Puy-
Griou.*

Tome II.　　　46

porphyroïde d'Oberstein. Cet échantillon, de la grandeur de la main, et qui est d'un très-bel effet étant poli, n'appartient ni à une brèche ni à un poudingue; il est le résultat de la dissolution et de la séparation des diverses substances qui le composent, par le triage de ces matières, dans le fluide qui leur servait de dissolvant, page 259. Silex d'un brun un peu rougeâtre, demi-transparent et d'un beau poli, dans le porphyre rouge égyptien de première qualité, page 260. Silex d'un gris très-clair, lavé d'une légère teinte violâtre, dans un porphyre rouge de brique, de la montagne de l'Esterelle, *ibid.* Feld-spath blanc, demi-transparent, de la variété dite adulaire, sur un porphyre d'un gris - verdâtre, des Pyrénées, page 261. Prehnite d'un vert - jaunâtre, dans un porphyre de Reischenbach, à trois lieues d'Oberstein, *ibid.* Stilbite rouge, dans un porphyre à fond de trapp noir, stilbite rouge en lames nacrées, dans une roche porphyroïde, page 262. Cuivre muriaté compacte, dans un porphyre du cap de Gates, page 263.

PRISMES basaltiques (les), sont formés par un retrait occasioné par un refroidissement lent, page 408. L'Ethna et le Vésuve ont rejeté quelquefois des fragmens et des portions de véritable basalte prismatique, page 409. Les laves compactes basaltiques à huit pans, sont rares en général; celles à neuf le sont davantage encore ; page 413. Voyez au mot *laves*, page 405.

PYROP granuliforme, grenat rouge de sang, renfermant un dixième de magnésie, de Zoblitz en Saxe.

Q

S

grandes révolutions, et qui ont donné lieu quelquefois à des dépôts de trapps secondaires, page 277. Des trapps du *Derbischire*, page 280. Erreur du docteur Whitehurst, qui avoit considéré ces trapps comme des produits volcaniques, *ibid*. La disposition des trapps du Derbischire, mérite de fixer l'attention des géologues et des minéralogistes, page 283. Des principes constitutifs des trapps, page 287. Les trapps ont beaucoup de rapport avec les feld-spath compactes; ils contiennent, comme ces derniers, de la potasse et de la soude, mais il entre beaucoup plus de fer dans leur composition, page 288. Analyse du trapp d'*Adelfors*, de celui de *Norberg* en Suède, du trapp de Kirn et du trapp amygdaloïde d'Oberstein, résultat de ces analyses comparatives faites par M. Vauquelin, page 289.

Terre calcaire. *Voy.* le mot *Calcaire*. *Voy.* aussi page 73.

Tourmaline, dans la roche micacée que rejette accidentellement le Vésuve, page 653. *Idem* dans une roche magnésienne talqueuse de Sibérie, page 319.

Tuffas (des) volcaniques. Vues générales, sur les tuffas et les brèches volcaniques, page 562. Les tuffas volcaniques sont formés des *detritus* de diverses espèces et variétés de laves graveleuses, terreuses, sablonneuses, quelquefois si altérées qu'elles ont une apparence argileuse; l'oxidation plus ou moins avancée du fer, donne lieu à leurs différentes couleurs, page 574. Description de sept variétés les plus remarquables de tuffas, page 575 et suiv. De quelques substances organiques animales ou végétales fossiles qu'on trouve accidentellement dans les tuffas volcaniques remaniés

U

V

il considérait les volcans comme ayant leurs foyers au-dessous même des granits, page 405. Kircher avait regardé les volcans comme des espèces de bouches qui communiquaient avec la masse du globe encore en état d'embrâsement à une certaine profondeur dans la terre, pag 404. Les volcans paraissent avoir exercé de préférence leurs actions sur les roches porphyritiques et feld-spathiques, ainsi que sur les roches trappéennes, page 406.

Z

Zéolithe (mézotipe) blanche, d'un jaune pâle dans les laves de Féroë, d'Ecosse, du Vivarais, de l'Auvergne, de Hongrie. Jaune (natrolithe) de Hoen-Tweil, page 652.

Zinc, page 378. Oxidé, calamine, page 379. Sulfuréblende, *ibid.*

Zircons (hiacynthes) parmi les sables volcaniques d'Espailly, mêlés avec des saphirs, des grenats, et du fer octaèdre attirable à l'aimant, page 652. On trouve des zircons semblables et dans un gisement analogue à Léonedo dans le Vicentin, *ibid.*

EXPLICATION DES PLANCHES

Ces planches, gravées d'après des dessins faits sur les lieux, avec toute l'exactitude qu'il a été possible d'y apporter, sont destinées pour ceux qui n'ont pas été à portée d'observer les laves en place.

Elles serviront en même temps à rappeler aux minéralogistes qui ont étudié la nature sur les lieux, des souvenirs qui fixeront de plus en plus dans leur mémoire le système particulier et constant de formation, qui appartient aux produits des grands incendies souterrains.

Planche XXII. Laves compactes en prismes, à 3, 4, 5, 6 et 7 pans; coupés, articulés.

Planche XXIII. Laves prismatiques à huit et à neuf pans, en tables et en boules.

Planche XXIV. Laves compactes de diverses formes.

Planche XXV. Cascade au milieu des laves primatiques, dans les environs de *Vals*, à côté du pont du *Bridon* en Vivarais.

———

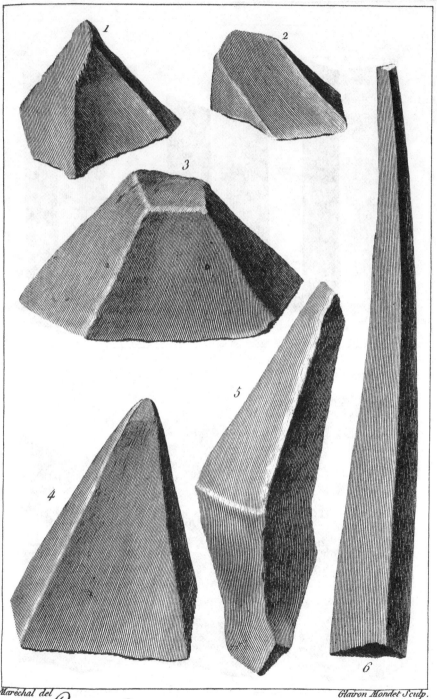

Planche XXII

Laves Compactes de diverses formes.

Planche XXIII

Maréchal del.

Glairon Mondet Sculp.

*Prismes Volcaniques a 3. 4. 5 6 et
7 pans, coupés et articulés*

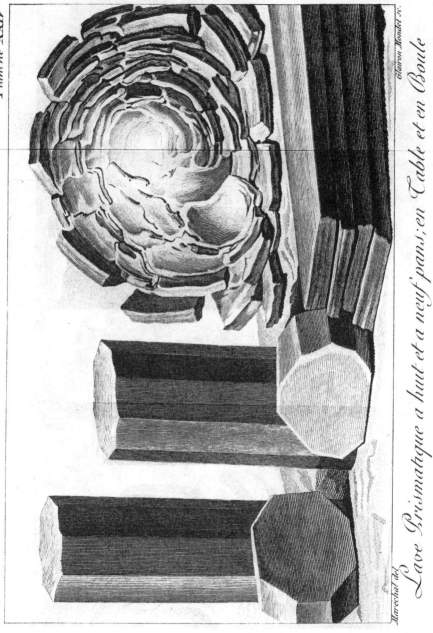

Planche XXIV

Marechal del.   Gravon Mondet sc.

Lave Prismatique a huit et a neuf pans; en Table et en Boule

The material originally positioned here is too large for reproduction in this reissue. A PDF can be downloaded from the web address given on page iv of this book, by clicking on 'Resources Available'.

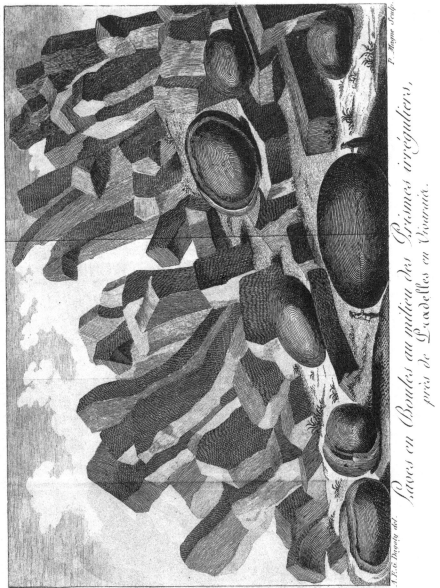

Planche XXV.

P. Moyne Sculp.

A.F.de Dupuis del.

Laves en Boules au milieu des Prismes irréguliers,
près de Pradelles en Vivarais.

The material originally positioned here is too large for reproduction in this
reissue. A PDF can be downloaded from the web address given on page iv
of this book, by clicking on 'Resources Available'.

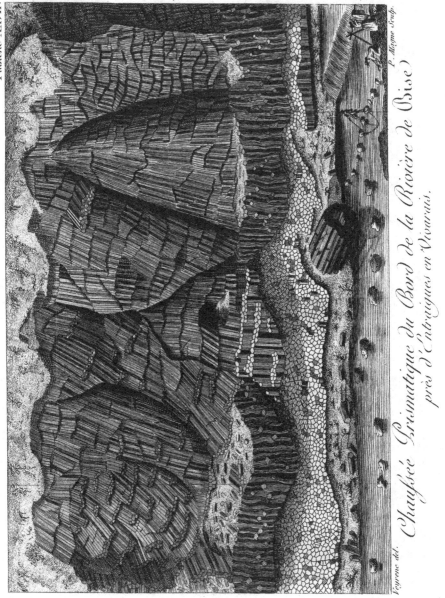

Planche XXVII.

Peyrotte del.

P. Alloyne Sculp.

Chaussée Prismatique du Bord de la Rivière de l'Oise)
près d'Entraigues en Vivarais.

Pl. XXVIII.

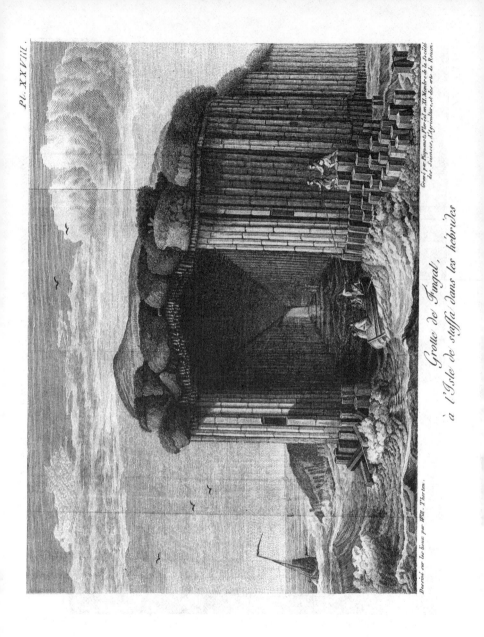

Dessin sur les lieux par Will: Thorton.

Grotte de Fingal,
à l'Isle de staffa dans les hebrides

Gravé par Beynon et Flori el en XI Nembre de la Société
des Sciences, l'Agriculture, les arts de Rouen.

Pl. XXIX.

Lambert, del.

Kneip, Sculp.

Cirque Volcanique,
à Ashnacreys, dans l'Ile de Mull, l'une des hébrides.

The material originally positioned here is too large for reproduction in this reissue. A PDF can be downloaded from the web address given on page iv of this book, by clicking on 'Resources Available'.